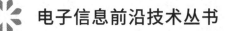 电子信息前沿技术丛书

IC LAYOUT BASICS:
A PRACTICAL GUIDE

集成电路版图基础
——实用指南

[美] 克里斯托弗·赛因特（Christopher Saint）
[美] 朱迪·赛因特（Judy Saint） 著
李伟华　孙伟锋　译

U0197115

清华大学出版社
北京

北京市版权局著作权合同登记号：01-2004-1909

本书封面贴有 McGraw-Hill Education 公司防伪标签，无标签者不得销售。
版权所有，侵权必究。举报：010–62782989，beiqinquan@tup.tsinghua.edu.cn。

图书在版编目(CIP)数据

集成电路版图基础：实用指南/(美)克里斯托弗·赛因特(Christopher Saint)，(美)朱迪·赛因特(Judy Saint)著；李伟华，孙伟锋译. —北京：清华大学出版社，2020.4(2024.3重印)
(电子信息前沿技术丛书)
书名原文：IC Layout Basics：A Practical Guide
ISBN 978-7-302-54719-8

Ⅰ. ①集… Ⅱ. ①克… ②朱… ③李… ④孙… Ⅲ. ①集成电路—电路设计 Ⅳ. ①TN402

中国版本图书馆 CIP 数据核字(2019)第 298273 号

责任编辑：文　怡
封面设计：王昭红
责任校对：梁　毅
责任印制：杨　艳
出版发行：清华大学出版社
　　　网　　址：https://www.tup.com.cn，https://www.wqxuetang.com
　　　地　　址：北京清华大学学研大厦 A 座　　邮　　编：100084
　　　社 总 机：010-83470000　　　　　　　邮　　购：010-62786544
　　　投稿与读者服务：010-62776969，c-service@tup.tsinghua.edu.cn
　　　质量反馈：010-62772015，zhiliang@tup.tsinghua.edu.cn
　　　课件下载：https://www.tup.com.cn，010-83470236
印 装 者：三河市龙大印装有限公司
经　　销：全国新华书店
开　　本：155mm×235mm　　印　张：16.75　　字　　数：289 千字
版　　次：2020 年 5 月第 1 版　　　　　　　印　　次：2024 年 3 月第 6 次印刷
印　　数：6201～7200
定　　价：69.00 元

产品编号：085785-01

作　者　序

　　集成电路(IC)版图设计是一个非常新的领域,虽然掩模设计已经有 40 多年的历史,但直到最近才成为一种职业。希望从事这个职业的人们,包括大学毕业生和一些希望转行的人,他们需要了解一些非常复杂的原理。同样地,一些富有经验的版图工程师也发现当代 IC 工艺的复杂性要求他们进一步了解这些基础知识。

　　包含版图工程师需要了解的所有信息的资料现在找起来已经十分困难,在关于其他方面工作的一些讨论中略微地介绍了一些版图工程师应该了解的基础知识,但涵盖相关方方面面的材料尚未发现。

　　本书中探讨了相关的内容。我们希望为新的版图设计师们提供他们应了解的所有理论和设计基础知识,使他们成为设计能手,为他们的职业生涯提供参考。我们也希望给那些富有经验的版图设计从业者一个知识的扩展,增加对当今器件与技术的了解。

　　本书从基本半导体理论开始介绍,进而阐述了在现代半导体技术中基本器件的发展。在较深的程度上为读者提供了有价值的设计方程以及设计 IC 版图的方法与技术,这些知识将使从事该职业的人们终生受益。

　　本书的内容以幽默、图示和循序渐进的方式表述*,在书中关键之处插入了轶事和佐证加以调侃,但丝毫不会影响本书作为高技术资料的水平。

　　本书内容完整,可读性强,欢迎大家阅读此书:《集成电路版图基础——实用指南》。

Christopher Saint
Judy Saint

---

* 这可能是第一本可以躺在床上看的技术书。

译　者　序

集成电路版图是电路系统与集成电路工艺之间的中间环节,是一个必不可少的重要环节。通过集成电路版图设计,可以将立体的电路系统变为一个二维的平面图形,再经过工艺加工还原为基于硅材料的立体结构。因此,版图设计是一个上承电路系统、下接集成电路芯片制造的中间桥梁,其重要性可见一斑。

随着微电子技术的突飞猛进,新技术、新工艺、新材料不断涌现,设计方法、设计手段、设计理念不断更新,版图设计已从单纯的图形设计发展为需要综合考虑各方面因素的、复杂的设计问题。一个优秀的版图设计工程师不仅需要了解版图设计的技术、技巧,还应该对相关的电路系统问题、工艺问题以及一些重要的物理效应有深刻的理解。

但是,集成电路版图设计也确实是令设计者们感到困惑的一个环节,我们常常感到版图设计似乎没有什么"规矩",设计的经验性往往掩盖了设计的科学性。即使是有多年版图设计经验的人有时也"说不清"为什么要这样或那样设计。在多年的科研与教学实践中,我们感到版图设计方面的问题是最令学生感到无所适从的问题之一。

长期以来,关于集成电路版图设计的知识大部分是作为集成电路原理或 VLSI 设计书籍中的一些章节,专门介绍版图设计知识的文献资料非常缺少。清华大学出版社引进并组织翻译有关版图设计的书籍,为集成电路版图设计者提供了非常好的学习与参考资料。虽然工作非常繁忙,我们仍接下了翻译任务,希望本书能够成为微电子行业的从业者学习与了解版图设计基础的实用资料。

本书从基本半导体理论的介绍开始,循序渐进地介绍了基本集成电路单元的版图设计。本书的一个突出特点是:在介绍版图设计的同时说明了为什么要这样设计,使读者知其然,并知其所以然。从本书的内容组织也可以看到,版图设计不是一个孤立的设计环节,它与一系列的技术相关联。本书内容的重点是版图设计的基础知识,对于新入行的从业者,这是一个良好的开端;对于有经验的设计者,本书则可作为对设计经验的回味和思考。

本书由东南大学李伟华和孙伟锋翻译。其中,孙伟锋负责第 1、5、

6、7、8 章的翻译,李伟华负责第 2、3、4 章以及术语和其他内容的翻译,最后,由李伟华对全书的内容进行校对与整理。在本书的翻译过程中得到了东南大学 MEMS 教育部重点实验室和国家 ASIC 系统工程技术研究中心的老师和同事们的支持与帮助,在此一并表示感谢。

由于水平有限,译者在对原著的理解方面可能存在不足,希望读者给予批评指正。

译　者

于东南大学

目　　录

---

* 小节同原书。

第 **1** 章

电路基础理论

1.1　内容提要

在本章中,你将看到以下内容:

- 基本电路理论的回顾
- 导体、绝缘体、半导体材料
- 如何制造半导体材料
- 两种半导体材料——P 型和 N 型
- PN 结的重要性
- 利用电场制作开关
- 串联两个互补型开关
- 用互补型开关设计一个控制电路
- 如何设计逻辑电路

……

1.2　引言

　　大家应该已经熟悉本章前几页所涉及的大部分电路概念以及集成电路(IC)的思想。因此,下面作一个简单的回顾,仅供参考。

　　集成电路的绝大部分功能都是通过控制电流来实现的,例如控制电流变化、开关电流,或者利用电流产生电压,而这些操作许多是通过**半导体**完成的。

　　不像普通灯的开关仅有开和关两种状态,半导体开关可以有开、关以及介于开关之间的一些状态,这种半导体开关称为**晶体管**。

　　在本章中,我们将首先基于半导体材料构建晶体管,然后利用晶体管组成逻辑电路。

芯片的设计首先是从工艺研发团队开始的,然后是电路设计人员,最后是你——版图工程师。

版图工程师在新的芯片设计制造过程中是必不可少的。如果你具有更丰富的知识、更强的创造性和更高的效率,那么你可以为你的公司节省数百万美元,因为你所设计的芯片在第一次流水后的性能甚至比预期的还要好,或者你设计的芯片版图比其他人员设计的版图尺寸小,或者在芯片生产之前找到并改正那些致命的错误。

一个优秀的版图工程师是公司的宝贵财富,特别是作为芯片产品流水前最后一道工序的执行者。

本书的一些说明

■ 图形中垂直方向为材料的宽度,水平方向为材料的长度。

■ 如果没有特别说明,电流的流向为自左向右。

■ 文中仅用代词"他"和"它",这并不存在对女性的不尊重。

■ 图示仅起到说明作用,为了简便起见,文中的图形与实际工艺制备的图形有所差别。

■ 读者可以带着幽默感来读本书,应该在读书和工作中保持乐观的心态,探索那些未知的东西。

1.3　基本电路回顾

下面给出一些基本的电路理论供读者参考,我们认为读者已经熟悉基本的电路公式和概念,因此仅作一些简单的概述,如果需要更加详细的论述请查阅参考书目。

1.3.1　同性相斥,异性相吸

"异性相吸"是非常普遍的现象,具有相反极性的物质相互吸引,而相同极性的物质相互排斥。例如,带有正电荷的原子将会吸引带负电荷的原子;带正电荷的原子排斥带正电荷的原子,而且不论它们之间是否存在一定距离。

异性相吸。

如果这一神奇的自然规律消失了,那么本书提到的所有电路也就无法工作了。

> 我很想弄明白相隔一定距离的电子为什么会相互吸引和排斥,弄明白这一现象的根本原因。一个小小的电子怎么会对它周围的电子有"想法"的呢? 实际上,正负电荷没有什么区别,仅仅是电子的数量不同而已,但它们怎么会知道这些呢? 它们又不会计数。
>
> 为什么我们看不到重力? 磁铁也不应该工作啊! 以前的宇宙到底是怎样的? 为什么航空小姐的纸托蛋糕里面需要乳白色的填充物呢? 这真是一个迷茫的世界。—Judy

1.3.2 基本单位

包含电压、电阻和电流的电路如图 1-1 所示。

电压:符号 V,单位为伏特(V)。

电阻:符号 R,单位为欧姆(Ω)。

电流:符号 I,单位为安培(A)。

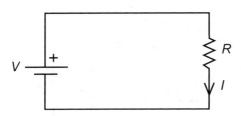

图 1-1 包含电压、电阻和电流的电路示意图

长度单位换算如下:

千米(km)	$\dfrac{1000}{1}$	1000	$1e^{3}$
米(m)	$\dfrac{1}{1}$	1	1
厘米(cm)	$\dfrac{1}{100}$	0.01	$1e^{-2}$
毫米(mm)	$\dfrac{1}{1000}$	0.001	$1e^{-3}$
微米(μm)	$\dfrac{1}{1,000,000}$	0.000001	$1e^{-6}$
纳米(nm)	$\dfrac{1}{1,000,000,000}$	0.000000001	$1e^{-9}$
皮米(pm)	$\dfrac{1}{1,000,000,000,000}$	0.000000000001	$1e^{-12}$
飞米(fm)	$\dfrac{1}{1,000,000,000,000,000}$	0.000000000000001	$1e^{-15}$

1.3.3 串联公式

两电阻串联如图 1-2 所示。

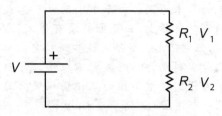

图 1-2 两电阻串联示意图

串联电路的总电压：
$$V_{\mathrm{T}} = V_1 + V_2 + V_3 + \cdots \qquad (\mathrm{V})$$
串联电路的总电阻：
$$R_{\mathrm{T}} = R_1 + R_2 + R_3 + \cdots \qquad (\Omega)$$

1.3.4 并联公式

两电阻并联如图 1-3 所示。

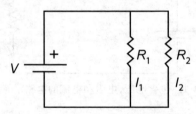

图 1-3 两电阻并联示意图

并联电路的总电流：
$$I_{\mathrm{T}} = I_1 + I_2 + I_3 + \cdots \qquad (\mathrm{A})$$
并联电路的总电阻：
$$\frac{1}{R_{\mathrm{T}}} = \frac{1}{R_1} + \frac{1}{R_2} + \frac{1}{R_3} + \cdots \qquad (\Omega)$$

1.3.5 欧姆定律

简单地说，**欧姆定律**是指电压等于电流与电阻的乘积。
$$V = IR \qquad (\mathrm{V})$$
上述关系式可有如下变形：
$$I = V/R \qquad (\mathrm{A})$$
$$R = V/I \qquad (\Omega)$$

图 1-4 给出的三角形可以帮助大家更好地记忆欧姆定律。

■ 三角形的顶角始终是电压。

■ 三角形的两个底角始终是电流和电阻。

■ 看着这个三角形回忆公式。

■ 用一个手指盖住希望得到的符号。

■ 剩下的两个符号就自动形成想要得到的公式。

难道你不希望所有的公式都如此容易吗?

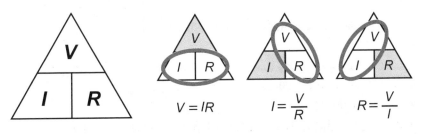

图 1-4　记忆欧姆定律的三角形方法

1.3.6　基尔霍夫定律

基尔霍夫电压定律:在一个闭环回路中的电压降之和等于该电路外加总电压,也就是说,输入电压的总量等于电路中所有的电压降。

$$V_T = V_1 + V_2 + V_3 + \cdots \qquad (V)$$

基尔霍夫电流定律:流出一个节点的所有电流等于流入该节点的所有电流之和。

$$I_T = I_1 + I_2 + I_3 + \cdots \qquad (A)$$

这意味着,电路中的任何节点只要有电流流入和流出,则流入、流出的总量一定相等。例如,不可能存在流入的电流量比流出的多的情况。

> 仅仅去读这些定律是相当枯燥的,但是它们可以转换成代数方程,利用这些方程,我们可以计算未知参量。
>
> 这些定律都是非常重要的,利用这些定律解决了许多问题。另外,我们还可以在晚宴上引用这些别致的名字。

还可以考虑把电容和电感等效为电阻,只不过该电阻值对跨接其上的电压的频率敏感。

试试看

1. 利用欧姆定律完成下表。

电压/V	电流/A	电阻/Ω
5.2	0.25	
12		200
	0.003	3

2. 把下面的数据转化为以 μm 为单位的数据。
   (1) 0.025in
   (2) 2500nm
   (3) 5,000,000,000fm
   (4) 0.00045m

3. 电阻 A 和电阻 B 并联，A 的阻值为 100Ω，B 的阻值为 200Ω，那么总电阻是多少？如果两个电阻都是 200Ω 呢？如果两个电阻都是 100Ω 呢？如果两个电阻都是 $x\Omega$ 呢？

4. 已知一个闭环回路的电压源电压为 12V，该电路中有三个元器件，一个压降为 6V，另一个为 4V，请问第三个元器件的压降为多少？如果有人怀疑你的计算结果，你会拿什么来作为你的证据呢？

答案

1.

电压/V	电流/A	电阻/Ω
5.2	0.25	**20.8 Ω**
12	**0.06A 或 60mA**	200
0.009V 或 9mV	0.003	3

2. (1) $25 \times 25.4\mu m = 635\mu m$
   (2) $2.5\mu m$
   (3) $5\mu m$
   (4) $450\mu m$

3. $R_A = 100\Omega$，$R_B = 200\Omega$：

$$\frac{1}{R} = \frac{1}{100} + \frac{1}{200}, \quad R = 66.67\Omega$$

$R_A = 200\Omega$，$R_B = 200\Omega$：

$$\frac{1}{R} = \frac{1}{200} + \frac{1}{200}, \quad R = 100\Omega$$

$R_{\mathrm{A}} = 100\Omega$，$R_{\mathrm{B}} = 100\Omega$：

$$\frac{1}{R} = \frac{1}{100} + \frac{1}{100}, \quad R = 50\Omega$$

$R_{\mathrm{A}} = x\ \Omega$，$R_{\mathrm{B}} = x\ \Omega$：

$$\frac{1}{R} = \frac{1}{x} + \frac{1}{x}, \quad R = 0.5x\Omega$$

4. 电源电压必须等于电压降之和。

$$V_{\mathrm{T}} = V_1 + V_2 + V_3 \qquad\qquad (\mathrm{V})$$
$$12 = 6 + 4 + V_3 \qquad\qquad (\mathrm{V})$$

第三个元件的电压降为 2V。大家应该引用基尔霍夫定律来作为计算的依据。

1.3.7　电路单元符号

图 1-5 是电路中常用的一些元器件符号。

常用符号

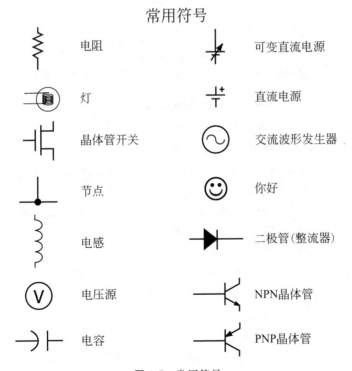

电阻	可变直流电源
灯	直流电源
晶体管开关	交流波形发生器
节点	你好
电感	二极管(整流器)
电压源	NPN晶体管
电容	PNP晶体管

图 1-5　常用符号

1.4 导体、绝缘体和半导体

导体中含有大量的自由电子,可以在电压的作用下自由运动,就像是一个**电子海洋**。

绝缘体中没有自由电子,电子被原子紧紧地束缚,不能自由运动。正是由于这些电子不可动,绝缘体几乎是不导电的。

半导体是位于导体边缘的绝缘体,它的导电不像绝缘体那么困难,因此称之为半导体(semi 是部分的意思)。例如,提高半导体的温度可以增强导电能力。其实也可以称之为半绝缘体(semiinsulator),但没有人喜欢在一个单词中连续出现两个 i,故取名为半导体(semiconductor)了。

材料的自由电子数量与导电能力之间的关系如图 1-6 所示。

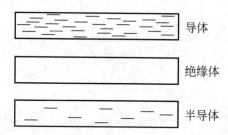

图 1-6 材料的自由电子数量与导电能力之间的关系

如果找到一种方法可以随意地控制材料的导电或不导电,那么利用该材料就可以为我们做很多有用的事情。可以利用它来开关电子器件,或根据设定的模式来实现逻辑功能。如果我们能够通过某个给定的电路控制它导电的话,应用领域就可能变得无限宽广了,这也就是半导体材料所能给我们的巨大能量。

在理解半导体特性之前,需要对构成半导体材料的原子性质作一些了解。我们主要关心能够以一种可控的方式移动电子。首先回顾一下基本的原子理论。

原子理论指出电子只能存在于原子核周围的某个能量状态,该能量状态称为**能级**。这些能级就像卫星围绕地球旋转的轨道。我相信大家以前对电子的能级已经有所了解。

电子从一个能级跃迁到更高的能级,需要获得能量,也就是给它一个作用力。当我们给电子施加能量,它就会跃迁到邻近有效的能级上,一旦电子位于一个正确的能级之上,我们便可利用它来导电,如

图 1-7 所示。

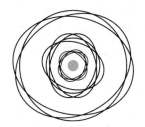

图 1-7　在获得能量之前,电子始终位于自己的能级之上

根据电子的能级或能带可以对电子进行分类。那些紧密排列的电子处于**价带**之中;而那些具有足够的能量可以自由运动的电子则位于**导带**,导带中的电子可以形成电流。

在导体中,导带和价带不是相互接触就是相互交叠,在某一时刻你看到电子被原子所束缚,而下一时刻,这个电子又会跃迁到导带之中,这意味着导体中的电子可以很容易地运动,从而可以导电。当导体上加上电压后,它就会导电。

在绝缘体中,导带和价带离得非常远,把一个电子从价带激发到导带需要很高的能量。实际上,如此高的能量在电子跃迁到导带之前就已经把绝缘体材料毁坏了。这也就是为什么在绝缘体中看不到自由电子的原因。

在半导体中导带和价带距离较近,仅仅需要较小的能量就可以使电子跃迁到导带,因此,半导体材料很容易变成导体材料,如图 1-8 所示。

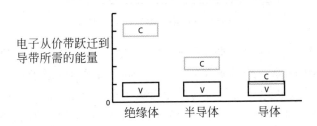

图 1-8　半导体价带中的电子可以容易地受激跃迁到导带中,而绝缘体中的电子就十分困难

1.5　半导体材料

硅的导带和价带之间的能量差较小,因此使硅中的电子跃迁到更高的能级参与导电并不是特别困难的事情,这使得硅成为常用的集成

电路制备材料。

更幸运的是硅材料非常丰富。在地球的任何一个沙滩上,它都以二氧化硅(SiO_2)的形式存在。硅原子和氧原子通过**共价键**紧密地结合在一起,这种结构使任何电子都无法脱离原子核。图 1-9 中的直线代表共价键。

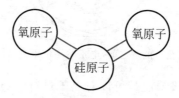

图 1-9　两个氧原子结合一个硅原子形成 SiO_2

现在做个比喻,如果我们把二氧化硅分子不加保护地遗留在一个品德不好的邻居家里,第二天回来的时候就会发现分子上的两个氧原子被剥离了,仅仅留下了硅原子。在实验室中也可以做这个实验。

一旦剥离了氧原子,我们就可以使硅原子组成非常大的晶体,就像钻石一样,这便是纯净硅,如图 1-10 所示,它的电子很容易脱离原子核的束缚,大家在接下来的讨论中可以看到这一点。

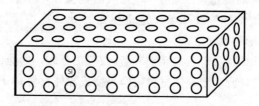

图 1-10　硅原子形成的完美晶体

在绝对零度附近,电子被硅原子紧紧束缚。随着晶体温度的上升,晶体中的原子开始振动,当温度升高到室温时,原子振动更加剧烈,一些电子可以获得足够的热能而跃迁到导带之中。

如果我们在室温下测量纯净硅的电阻,会发现它的值还是很高的。但是,随机的热激发会产生导带电子,故纯净硅也存在一定的导电性。

事实上,纯净硅未加处理时的导电能力很弱。为了利用硅材料来制造有用的器件,纯净硅中必须加入少量经过选择的杂质材料,使硅在一定的温度下具有更多的自由电子。通过控制杂质的剂量,可以很好地控制导电能力。

引入杂质的过程称为**掺杂**,在后面的章节中我们将介绍不同的掺杂方法,用来掺杂的材料称为**掺杂物**。

在下面的章节中大家首先会看到如何通过掺杂制作两种重要的半导体材料,一种存在多余电子,而另一种缺少电子;然后看到如何控制两种材料间电流的大小;最后,利用这种控制方法来制备开关。

1.5.1　N 型材料

前面已经提到,晶体由完美、精致的晶格构成,一排排的原子严格按顺序排列,原子相互连接,在晶格中每个原子的电子是和周围原子共用的,电子不多不少,都是成对出现的,这就是大家看到的纯净硅,硅晶体的一个截面如图 1-11 所示。

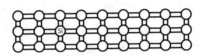

图 1-11　硅晶体的一个截面

这种状态下的硅有良好的绝缘性,因为仅有少数随机产生的自由电子可以导电。

但是,我们希望能有更多些的电子参与导电,那么如何才能在这种完美晶体中产生更多的自由电子呢?

让我们用不同的原子来替代硅原子,该原子与周围其他的硅原子连接在一起,但多出一个电子,且这个多余电子不会与其他硅原子共用,如图 1-12 所示。

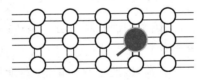

图 1-12　用比硅原子多一个电子的原子替代硅原子,可以看到这个额外电子不会形成共价键

这就像一个在抢座位游戏中被挤出的小孩一样。我们仿佛看到一个自由的、没有约束的电子在高喊,"我自由了! 我自由了! 我想做什么就能做什么了!"然后开始疯狂地奔跑,不过这一切发生在晶格中而已。

我们必须正确选择这种新原子,如果大小不合适,便与晶体不匹配,会损伤晶格,化合键也会不匹配。另外,这种新原子需要有正确的化合键数和电子数。

通过掺入正确的杂质,可以保证硅在任意时刻、任意条件下都存在自由电子。现在万事俱备,接下来可以利用这些自由电子做很多有用的工作,如果我们在晶体上加电压,电子便可以从一端运动到另一端。

由于自由运动的电荷被认为是带负电荷,这种原子结构的材料就命名为 **N 型**材料,N 是英文 Negative 的缩写(注意到我们使用"被认为",电荷的正负仅仅是一种规定)。

1.5.2 P型材料

现在,我们再次把晶体中的一个硅原子拿出,但这一次使用比硅少一个电子的原子替代。在这种情况下,晶体中没有足够的电子。这样就缺少了一个与硅原子的外层电子形成电子对的电子,也就是出现一个电子空位,称为**空穴**,如图 1-13 所示。

这样,一些硅原子的电子因缺少填充化合键的配对电子而不稳定,这些电子在寻找它们的配对电子。我可以告诉大家,17 世纪早期,在伦敦街上卖硅原子并不是一件搞笑的事。

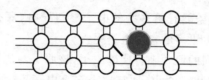

图 1-13　用比硅原子少一个电子的原子替代硅原子,就因缺少一个电子而形成空穴

空穴被认为是正的,因为它们要吸引电子形成电子对。这种原子结构的材料命名为 **P 型**材料。P 是英文中 Positive 的缩写。减去了一个电子等于减去一个负电荷,因此称它为正电荷,就像数学中,减去负数等于加上正数。

现在,如果发现一个可以自由运动的多余电荷,我们便可以陶醉其中了。但到哪儿去找到它呢? 如果有一个多余电子,则它将会寻找配对。它会运动到哪呢? 相邻材料的电子或许会进入空位,填充空穴。你想到这些了吗?

让我们猜一猜如果把 N 型材料和 P 型材料连接到一起会有什么事情发生。请记住 N 型材料多余电子,而 P 型材料缺少电子。

别走开,精彩还在后面!

1.6 PN 结

实际上,在一块硅体中掺入的杂质原子数量并不是一个原子,而是很多原子。因此在 P 型材料中电子非常缺少(按我们的要求控制缺少量),在 N 型材料中电子则显得特别的多(同样地,按要求控制多余电子量)。

被替代的硅原子越多,材料的电阻就越低,也就越易于导电。我们可以通过选择适当的掺杂原子,同时精确地控制掺杂剂量来得到需要的导电能力。

下面给出两块半导体材料,请注意电子和空穴在各自的材料中是如何均匀分布的,如图 1-14 所示。

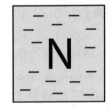

图 1-14 P 型和 N 型半导体材料

N 型材料中的剩余电子会怎样呢?它们会不会到 P 型材料中填充空穴呢?通过控制 N 型材料中的自由电子进入 P 型材料中的空位便可以控制逻辑电路了,接下来说明其原因。

1.6.1 势垒

假设有两所相邻的小学,用栅栏分开。放学后,两所学校的学生离开学校并能通过栅栏看到对方,两所学校的学生跑到一起谈论当天学到的有趣的量子物理问题,但可惜的是,由于有栅栏挡着,他们只能在栅栏的两边。

当我们把一块 P 型硅和一块 N 型硅连接到一起,类似的事情就发生了。N 型材料中多余的电子看到了 P 型材料中的空穴。由于它们分别带有负电荷和正电荷,它们相互吸引(异性相吸)。

电子和空穴相向移动并在两种材料的连接处聚集,都希望到另一种材料中去。

但是由于有"栅栏"挡路,它们不能到达另一边。P 型和 N 型两种材料间的"栅栏"称为**势垒**。一块 P 型材料与一块 N 型材料连接在一起便形成 **PN 结**,如图 1-15 所示。

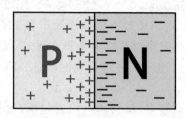

图 1-15 P 型、N 型半导体连接在一起形成结

那么为什么电子不能穿越 PN 结进入另一种材料呢?

两种杂质的选择必须十分仔细。对于 N 型材料,杂质的电子导带能级较低;对于 P 型材料,杂质的电子导带能级相对较高。正是因为 P 型材料具有更高的标准,N 型材料中的多余电子因能量较低而不能达到空穴的要求。

现在,我们要做的就是提供一定的能量使电子可以翻过"栅栏"完成它们的使命,提供的能量越多,进入 P 型材料的电子也就越多,我们可以通过控制加在 N 型材料上的能量来控制流入 P 型材料的电子数,如图 1-16 所示。

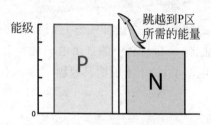

图 1-16 在没有外加能量的情况下,N 型材料的
自由电子无法进入 P 型材料

使电子越过"栅栏"的能量从哪里获得呢? 其实这是一个很简单的问题,可以通过给 PN 结加电压来提供能量,下面将会具体讨论。

1.6.2 通过势垒的电流

随着 PN 结上电压的增加,N 型材料中的电子将获得足够的能量克服势垒,从而开始出现电流。电子将流向 P 型材料,空穴流向 N 型材料。因此,如果电源的极性正确,并且足够大,将有电流流过 PN 结。

由于电子运动的方向正好与电流的方向相反。从图 1-17 中可以看到，**习惯表示的电流方向**与实际的电子流向相反。很早以前，人们把电流的方向弄反了，我希望将来能有什么人把它更正过来。

要点在于，能量带来电流。至于电流的流向与实际的电子流向相反，只是碰巧这样。

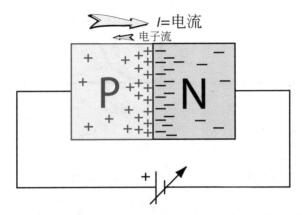

图 1-17 电压带来电子电流，牢记习惯表示的电流方向与电子流动方向相反

■ **经验法则**：如果工作了很长时间后，你突然觉得自己把电流的方向弄反了，事实上并没有。那么可以休息一下，过一会儿再想这个问题。

当在 P 型材料上加正电压，N 型材料中的电子将受到更强的吸引力，这使 N 型材料的电子获得更多的能量。随着正电压变大，电子获得的能量越来越多，这两种材料间的能带差异不断减小。

当两种材料的能带比较接近时，系统热运动的能量将使电子随机地越过势垒，穿越 PN 结，从而开始导电。

继续增加外加电压来进一步增大对电子的吸引力，直到所有的电子都获得足够的能量穿越势垒。

这时，PN 结完全导通了，表现为一个电阻，电流随着 PN 结两端电压的增加而线性变化。

当 PN 结导通时，称之为**正偏**。空穴沿电流方向穿过 PN 结，电子则沿电流反方向穿过 PN 结。

如果继续增大电压，电流将不再以线性关系增加，而是最终达到一个平稳值,为一个常数。这时的电流称为**饱和电流**,这也是我们所能得到的最大电流,如图 1-18 所示。

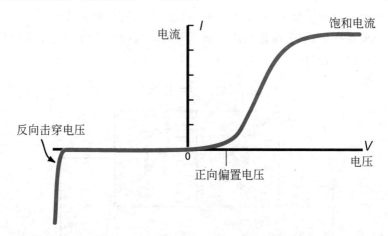

图 1-18　达到正偏压之后,电流线性增加直到饱和

　　现在,如果改变外加电压的极性,降低 N 型材料中电子的能量。这样,不但没有缩小能带间的能量差,反而使差距进一步加大。此时电子和空穴都不再运动。这种 PN 结截止情况称为**反偏**。

　　但是,如果我们把反向电压加到足够大,在某一点 PN 结将不再处于非导通态而是突然导通。此时所加的电压称为**反向击穿电压**。在集成电路中,反向击穿电压通常是很高的,因此,在大部分应用中,我们认为反偏结是截止的。

　　在集成电路中,反偏结非常有用,后面将会对此进行讨论,但是前面的内容已给我们一定的启发,利用反偏结的截止特性或许可以做些什么事情。

1.6.3　二极管

　　由 P 型和 N 型两种材料形成的结称为**二极管**。在以后的章节中可以看到电流在二极管中仅沿一个方向流动。可以看到我们把代表电流方向的箭头作为二极管的符号,这更易于记忆,如图 1-19 所示。

　　以上介绍了基本半导体结、名称、符号以及工作原理。在下一节中,我们将利用这种单向导电性来设计一些有用的电路。

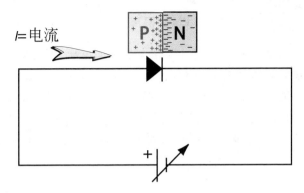

图 1-19 用二极管符号替代 PN 结

1.6.4 二极管应用

单个二极管本身的用途是有限的,并不能做很多事情。

使一个正弦波流经二极管,则只有大于零的正向部分会到达后面的电路。这种滤除负向信号的过程称为**整流**,如图 1-20 所示。

如果在二极管两端加上电压,你就可以看到如何整流了。现在观察流过二极管的电流,会发现有电流、无电流、有电流、无电流……,不断循环。这是一种很好的整流方法,但也损失了一半的功率,看起来很浪费。

我们可以通过合理地放置二极管,对正负信号分别调整,通过这种方法可以得到另一半信号,避免了功率的损失,这便是**全波整流**,是供电系统常用的技术。

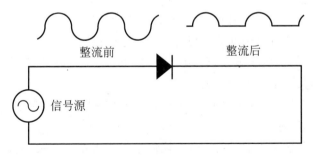

图 1-20 二极管中电流单向流动,因此可以用于检波

二极管,也就是 PN 结,在电路中有一种非常有用的效应:

PN 结隔离。

请大家回忆一下，在一个 PN 结上加正向电压，电流单向流动，也就是说加反向电压的时候没有电流。在下一节大家会看到：这种隔离电流的功能是一个非常有用的工具。这就是 PN 结的价值所在，它可以隔离和控制电流，因此在集成电路中，电流不会随意地四处流动。

在这本书的后面会看到利用到 PN 结的隔离功能，我们拭目以待吧。

> 二极管可用在晶体管收音机中。Cat's Whisker(一种晶体管收音机)就是利用 PN 结来解调调幅无线电波。作为一个整流器，它允许电流向一个方向流动。在旧式的收音机中，只有一个点接触 PN 结，你必须推动这种晶体，因此 Cat's Whisker 实际上是一个二极管。

1.7　半导体开关

前面谈了不少了，下面做一个可以真正为我们工作的东西，一个可以控制的电路。

我们要做一个开关，要打开某个东西，要点亮一个灯泡！

对了，我们就是要把一个灯泡点亮！因为我们是能量怪物！

1.7.1　一个灯开关的例子

我们已经有了灯泡和电池，怎么样才能把灯泡点亮呢？这需要按一定的方式放置一个开关实现对这个灯泡的控制。

推上开关，接通电路，灯泡亮了；拔下开关，电路断开，灯泡就灭了；推开，又亮了。关，开，关，开。

因此，只要把两根线通过一个作为开关使用的接触条进行连接，灯泡就可以点亮。

现在我们可以通过物理的手段用手指头去按下开关，连接两个触点来完成对电路的连接，但如果我们用电子的手段来完成的话就会更加容易，如图 1-21 所示。因为很多时候，即使我们邀请朋友来帮忙也凑不齐那么多手指头来按开关。

那就让我们做一个同样的电灯电路，把一个可变的电压加在开关

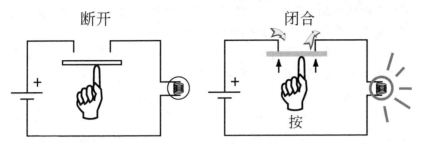

图 1-21　半导体材料能够做成一个电子开关,就像按下一个接触开关一样工作

上以代替手指。在这个电路图里,把开关符号简化了,以便记忆,如图 1-22 所示。

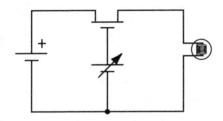

图 1-22　这个半导体开关的符号看起来与前面使用的按压式开关很像

　　如果可以用这个电压来控制电灯的开与关的话,我们就可以用电而不是手指来控制灯泡了。因此我们只需找到一种方法用电压去允许或禁止开关导通就可以打开或关闭开关了。

　　放置一个半导体开关进去,这就是答案。我们已经知道半导体的导电性是可以控制的,它们有时导通,有时不导通,这对我们来说就是一个可以工作的开关。

　　我们要做的正是用半导体材料来制备一个开关。

　　在下一节,我们要讨论为什么半导体开关在电压控制下可以像一个指触式开关一样工作,甚至都不需要电流去让这个开关工作,所有的控制都不需要消耗能量,一个电子工程师的梦想变成了现实。

1.8　场效应

　　半导体材料有一些很有趣的特性,其中一个很有用的特性被称为**场效应**。

　　如果在一块 N 型半导体材料上加上一个电压,就会有电流流过。

　　现在在一块半导体附近加一个电压,但不直接和半导体接触。如果是正电压的话,即使存在一定的间距,由于异性相吸的原因,这个电压也会对半导体里所有的电子形成吸引。

在附近电压的作用下,在 N 型材料中形成了一个电子聚积的区域。这种由于附近电压作用而形成电子或空穴聚积的效应称为场效应。

由附近电压所产生的场效应可以有效地提高半导体材料表面电子数目,进而降低表面电阻(因为有更多的自由电子),从而可以获得更大的电流,如图 1-23 所示。但这还不是一个开关,因为我们希望它还能阻止电流流过,而不仅是增大电流。

图 1-23 如果半导体材料中到处都是自由电子,那电流就可以从源端流到漏端

如果在半导体材料附近加一个负电压,那么,所有的电子都在尖叫:"哇哇,是负极性啊!"随之,它们都被推到另一边去了(电荷排斥现象)。这个负电压把所有电子都赶走了,从而在靠近负电压的区域中形成了空穴,也就形成了 P 型材料。

随着负电压的增大,更多的正极性空穴被附近的负电压所吸引(异性相吸),愈来愈多的空穴聚积起来。

当最终形成足够浓度的 P 型材料时,实际上在半导体材料中间部位形成了两个 PN 结,一个正偏,一个反偏。大家已经知道电子不能轻易通过反偏的 PN 结,所以在这个半导体材料中没有电流流过,如图 1-24 所示。

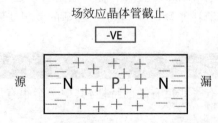

图 1-24 如果一个区域的空穴被吸引到了半导体材料的中间部位,那么 PN 结将阻止电流流过

终于找到了所需要的开关,只需在靠近半导体材料的地方加一个可以波动的负电压,产生 PN 结,就可以控制开关的开合,如图 1-25 所示。

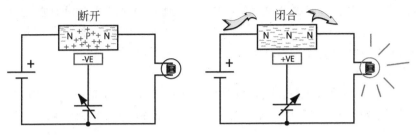

图 1-25　现在不需要用手指了,可以通过改变附近的电压来控制开关

1.8.1　场效应晶体管

现在我们可以通过改变一个靠近材料的电压将 N 型半导体变成 P 型半导体,还能再把它们变回来。这种效应可以允许或阻止电子流通过半导体,这样的器件称为**场效应晶体管**(FET)。

下面认识一下这个刚刚制备的晶体管的各个部分。

当这个晶体管开启时,电子流进的端称为**源端**,流出的端称为**漏端**。源端和漏端是可以互换的,加在晶体管两端的电压极性决定了哪端是源端,哪端是漏端。

晶体管中部附近放置控制电压的端子称为**栅极**,栅这个名字很形象,它决定是不是让东西通过它,栅上的电压用来产生场效应。

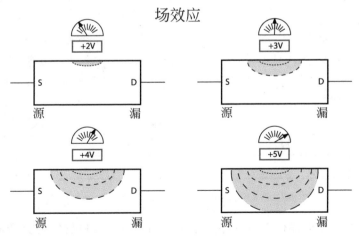

图 1-26　随着栅电压的增加,半导体材料的反型区域逐步增大,
当电压足够大时,这个区域可以阻止电流通过

如果栅上电压较小,就只能产生较小的场,也就只能产生较小的P型区域,但是少量电子仍然可以通过。随着电压的增加,可以**反型**的区域(从N型变成P型)越来越大,直到P型多到完全没有自由电子可以通过,如图1-26所示。当P型区域扩展到整个半导体的宽度时称之为**夹断**,就像脚踩水管,当你把水管踩扁的时候,水管就不流水了。

机械开关只能开或关,没有中间状态。与普通的机械式电灯开关不同,晶体管不但可以处于开态,关态,还可以保持某个中间状态。

1.9　开关隔离

单个晶体管只是一个例子,我们希望找到一种方法制造一批晶体管,这样就可以按我们的要求在需要时控制开启和关闭了。

如果有三个灯泡,要实现独立地开关这些灯泡。那么,首先需要三个灯泡,一个电池,但怎么才能最简单地做出三个晶体管呢?如果每个晶体管都采用单独的塑料封装,那就太贵了,让我们试试在一块硅片上一次制作三个晶体管,如何?

我们也需要保证三个管子相互独立,毕竟我们没有必要同时打开三个灯泡。

看起来PN结可以完成这项工作,正如前面刚刚讨论过的PN结特性:反偏的PN结可用来隔离需要控制电流的区域。在这种情况下,为了能够完全阻止电流,同一块硅衬底上制备的三个晶体管必须相互独立。

首先制备一个N型的长条形区域,然后在需要隔开的N型区域之间制作一个P型区域,这样在一条N型区域上就形成了一排晶体管,非常方便,而且采用现有工艺,可以节省很多成本,如图1-27所示。当然,这不是为你节省,是为你的公司。

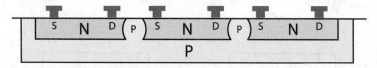

图1-27　可以用PN结隔离长条N型区域上晶体管

再来看看晶体管,它周围到处都是P型区,二极管完完全全地包围了晶体管,前、后、左、右,还有衬底,PN结可以对一个晶体管进行全方位的隔离。

如前所述,我们可以用 P 区来分隔 N 型材料。除此之外,我们还可以在大的 P 型硅衬底上实现这样的结构,在需要制备晶体管的地方直接将小的 N 型区域嵌入 P 型衬底,这些 N 型区域被产生的 PN 结自动隔离。

现在我们需要把栅极直接放到硅的表面控制 N 型材料的开和关了。但这儿有一个问题,就是栅会和晶体管的中部区域短路,这可不行。需要把栅悬浮在 N 型区域上方的某个位置,但是让什么东西悬浮在半空中是不可能的,栅会掉下来落在硅表面上。

所以我们需要在栅和硅衬底之间制备一个很薄的绝缘层,而且越薄越好。事实上,如果让栅浮得太高,那么场效应就会很弱,所以栅必须处在一个适当的位置上,如图 1-28 所示。

二氧化硅是很好的绝缘材料,即便它很薄也有很好的绝缘性。请记住我们是在硅上做晶体管,更让人惊讶的是,如果加热硅,空气中的氧就会和硅反应生成二氧化硅。

当然还需要一些其他的工艺来控制在哪儿生长二氧化硅,这是比较容易的。二氧化硅是一种很容易获得的绝缘材料。

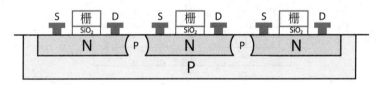

图 1-28 每个晶体管都有各自的栅

前面我们都在讨论 N 型晶体管,下面讨论 P 型晶体管的制备。P 型晶体管要做在 N 型区域上,当然也需要把 P 型晶体管相互隔离起来,这也正是必须在 N 型区域上制备的原因,还是用 PN 结隔离。P 管和 N 管都可以作为晶体管开关使用。

根据半导体理论我们已制备出了基本的场效应管,实现了通过电学方法来控制电流的开和关。现在大家可以设计一个决策电路了,我把它作为你们的课后作业。

下一节将介绍如何将基本的场效应管制备得更精确,从而达到更快的开关速度,非常非常快的速度。

1.10 增强型器件和耗尽型器件

图 1-29 是一个 FET[①],P 型材料隔离了 N 型材料,栅浮置于顶部以控制半导体中的电场。如果栅电压为负,因为 P 型区域形成而导致管子关闭,原来 N 型材料中可以携带电流的电子在晶体管的中间区域减少或耗尽了。这种应用方式的晶体管我们称之为**常开型**或**耗尽型**晶体管。它们非常简单,非常基本,直接是一条 N 型材料,就像我们前面讲的那样。

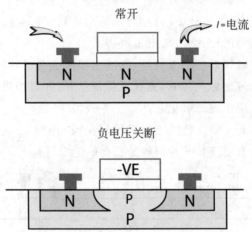

图 1-29 正如本书到目前为止讨论的,图示为一个耗尽型场效应管在开态和关态的情况

现代晶体管电路的一个重要因素是晶体管的开关速度。在中心有很大电场区域的晶体管需要更多时间来实现开启和关闭,同时需要更多的能量去移动一个大区域中的电子或空穴,因此中心场区即栅区应尽可能小,从而使晶体管的开关速度尽可能快。

前面制备的耗尽管存在一个问题。在前面解释场效应的图中,我们发现随着电场的增大,耗尽区超出了栅区的范围,电场区域变大了!! 这与我们所希望的相反,因为小场区可以使开关工作得更快,那我们怎么克服这个问题呢? 当然,总是有办法的。

---

① 假设你已经了解了 FET 是"场效应晶体管"的简称,因此我通常用"FET"来表示,这里是让你知道我的习惯表示。

我们不再先制备一长条 N 型杂质区,然后再在其顶部放置栅。相反,我们先把栅放置在硅表面,再用此栅来阻止 N 型杂质注入栅区,下面看看这种方法有多巧妙。

在注入 N 型杂质之前先放置栅,这在新型晶体管中间区域形成了天然的保护层,然后再在 P 型衬底上注入 N 型杂质,从而在栅的两边得到一对对准非常好的 N 型区域,而栅的下面却没有 N 型杂质,就这么巧妙。

当然,栅也会受到 N 型杂质原子的撞击,但是栅材料足够厚而且只有表面受到影响,因此这并不是问题。如果想详细了解原子的轰击或者**注入**是怎么一回事,请参看下一章。

现在,在栅下仍然是 P 型区域而不是 N 型区域,这就意味着必须用正电压而不是负电压来迫使栅区反型。

在图 1-30 中,如前所述,场效应拓展到栅下的区域中,当栅上加上正电压时,栅下的 P 型区变成了 N 型,这个 N 型区不断扩展直至与栅区两侧的 N 型源漏区接壤,这样便形成了一个连续的 N 型区域,从而实现了晶体管的导通。

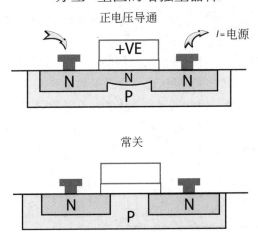

分立N型区的增强型器件

图 1-30 如果先制备栅再注入 N 型杂质,栅下区域就不会有 N 型杂质,具有更好的对准效果

这种晶体管平时总是关闭的,只有在栅上加了正电压,吸引电子之后才导通,这个过程增强了源漏区之间区域的电子量。

这种晶体管是**常关**的,被称为**增强型**晶体管,名字来源于它栅下的电子增强区域。这种晶体管的另一个优点是：即使加大栅电压，栅区也不会增大。事实上，栅区比所设计的还要小一点，因为 N 型的源漏区在工艺推进的过程中会向栅区扩散一点。

这种结构正是我们梦寐以求的，有一个较小且不随应用过程而变化的栅区。

本书以后都将以增强型晶体管为例。

即使采用在离子注入前先制备栅的增强型晶体管，它仍然只能实现电流的开或关的功能，我们还希望它能做得更多，希望它能够做一些决策，希望把这些晶体管组合成一个大的阵列。

你可能希望让这只灯泡和那只灯泡一起亮，或者，你会想不管哪只灯泡亮都行，这也就是需要"与"和"或"的决策。

这就是下面要讨论的逻辑电路，它取决于晶体管之间如何相互连接。栅电压来自何处呢？能明白吗？给大家一点思考时间。

先让我们看看如何用一堆晶体管来完成一些有意思的事情。

1.11　互补型开关

比增强型晶体管更有用的是所谓的**互补型-金属-氧化物-半导体**，即 CMOS。

这个互补是什么意思呢？大家回顾一下，N 管需要正电压才能开启，P 管需要负电压才能开启，这两种管子都是开关，但是开关的控制方式正好完全相反。因此这两种晶体管相互补偿，它们可以构成一个很好的组合而一起工作，就像劳莱和哈台[②]（Laurel & Hardy）一样。当今绝大多数集成电路中都采用 CMOS 技术，如图 1-31 所示。

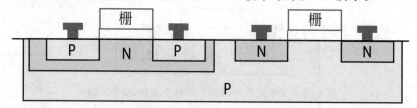

图 1-31　在左边的栅周围注入 P 型杂质，在右边的栅周围注入 N 型杂质，从而形成互补型开关

---

②　在技术书籍里不太能找到这两个人；译者注：此二人是美国一对搭档演出滑稽片的演员。

大家已经知道 N 管和 P 管是一对互补晶体管了。如果把这两种类型的晶体管彼此相邻摆放，就可以构造一些有用的电路。当然仅仅把它们摆放在一起还是不够的，还需要把这些晶体管正确地连接起来。

1.12　N 阱和衬底接触

在我们应用这些器件之前还有最后一个问题需要解决。

观察 P 型器件，就会发现它周围有一个 N 型区域未接任何电位，同样地，P 型衬底也未接任何电位。如果不细心，这两个区域会形成一定的偏压。这个电压可能来自于实际器件的泄漏电流，它将导致 P 区、N 区形成的 PN 结正偏。这种情况一旦发生，灾难就会接踵而来。

要确保这两个区域形成的 PN 结决不出现正偏，最好的办法就是有意地让这个 PN 结反偏。将衬底接最低的电位，通常是负电源；同时将 P 型器件的 N 型区域接最高电位，通常是正电源。

这个 N 型扩散区域相当深，就像一个水井一样，因此我们通常称这个区域为 **N 阱**（**well**）或**盆**（**tub**）。器件制备在 N 阱中。电路中的每个器件都必须制备在接有适当电位的阱或衬底上，如图 1-32 所示。有些技术还采用第二个阱，**P 阱**，来制备 N 型器件，但双阱工艺不常用。

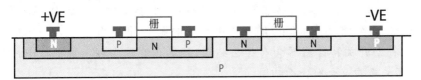

图 1-32　N 阱接正电压，P 衬底接负电压

这里需要增加的接触孔称为 **N 阱接触孔**和**衬底接触孔**。关于衬底的问题在以后的章节中将详细地讨论。即便阱和衬底接上了正确的电位，阱/衬底的 PN 结仍然存在正向偏置的可能，这种现象称为**栓锁效应**（**Latch-up**），会导致芯片烧毁。

下面就要用这些互补开关做些什么了，你肯定会为它们所做的事情感到吃惊，让我们看看是否能用它们把一架钢琴搬上门外的一截台阶。

1.13　逻辑电路

前面我们已经讨论了很多简单的电灯电路，下面来讨论晶体管如何构造完成二进制逻辑功能的电路。

1.13.1 用电压表示逻辑状态

我们已经用晶体管实现了电流的开关,但用电流来表示二进制的值非常浪费能量,如果这样使用的话,电池很快就会用光。

采用电压来表示二进制值会更好些。还记得 CMOS 晶体管是靠电压控制工作的吗?所以如果能设计一种电路用晶体管去开关电压而不是电流的话,就可以用这些电路来实现相互开关。如果可以让电路相互开关控制,那么就可以用它们来构建相当复杂且实用的系统。

开关电压还有一个好处就是电流仅在电路开关的瞬间才存在,一旦晶体管开启或关闭之后就没有电流流过晶体管了,这样就节省了电能。现在来测试一下用 CMOS 晶体管构成的逻辑器件。

1.13.2 CMOS 逻辑电路

如果要实现一个二进制逻辑电路,比如一个计算器,可以采用电压状态来表示二进制值。

现在以电源的正电压表示二进制 1,负电压表示二进制 0,则高、低电压就可以分别表示逻辑 1 和逻辑 0。

如果将 CMOS 晶体管按图 1-33 的方式连接会发生什么呢?按照这个电路,将高电压(正)加到连接起来的栅上,根据我们已经了解的互补型开关特性看看会有什么结果,然后再在这个栅上加上低电压(负),看看又会有什么结果。

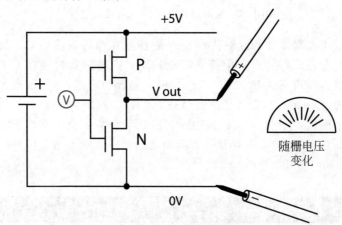

图 1-33 一个共栅电压源的互补结构开关

　　因为共栅,所以 N 管和 P 管的栅在同一时刻所加的电压是相同的。还记得增强型管是怎么工作的吗:栅加正电压,N 管开启;栅加负电压,P 管开启。

　　如果在两个栅上同时加上一个正电压,逻辑 1,如图 1-34 所示,会如何呢?

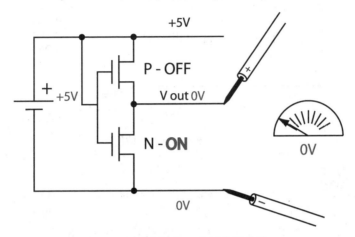

图 1-34　共栅上加正电压的倒相器

　　由于栅压为正,所以 N 管开启,而 P 管呢? P 管还是处在常开状态(因为 P 管需要负栅压才能导通),也就是 N 管开启,P 管关断。

　　将这两个器件漏相连,也就是说 N 管的漏和 P 管的漏连接在一起,这样就有一个共同的输出端,如果我们测量一下输出点的电压就会发现,电源负极的电压,逻辑 0,通过导通的 N 管传递出来了。

　　如果将两个栅都接电池的负极,逻辑 0,如图 1-35 所示,又会如何呢?

　　P 管因为栅压为负而开启,N 管则处于常开状态(因为 N 管要正栅压才能开启),也就是 P 管开启,N 管关断。

　　同样,如果我们测量一下共同的输出点电压,就会发现电源正极的电压,逻辑 1,通过导通的 P 管传递出来。

　　读者有没有注意这种电路是 0 进去 1 出来,1 进去 0 出来? 这个电路反转了逻辑状态,所以用上面的电路可以构成**倒相器**。这种电路反转了接到栅上的逻辑状态,高输入低输出,低输入高输出。

　　现在我们可以实现转换高低电压的功能了,这是我们设计出的第一个电路,我们应该为之自豪!

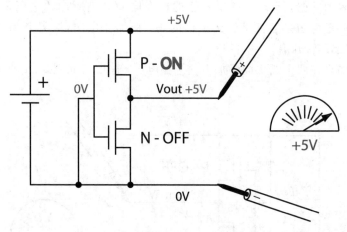

图 1-35 共栅上加负电压的倒相器

试试看

　　不看书本,尝试着在一张纸上把倒相器的电路图画出来,然后按照逻辑功能确认自己有没有画对,然后再画一个试试。

　　你也可以在需要的时候查看一下书本,但是尽量靠自己把它画出来,直到你可以不用看就可以轻易地画出来为止。

　　你还可以在遇到更复杂系统时试试同样的做法,这会对你很有用的,因为你会在画电路的过程中分析清楚它的工作原理。

　　一遍遍地练习,这将为熟练掌握这些器件的逻辑做好思想上的准备。

　　连接在一起的栅通常作为输入端,而两个器件相互连接的漏则被视为输出端。

　　如果把两个倒相器相连会怎么样呢?你可以自己先想一想,也可以直接向下看(不过请等一等,参与才会让生活更有趣,当然,我会帮助你,当第一个倒相器的输出接到第二个倒相器的输入会怎么样呢?慢慢地一步一步来,把图画出来看看)。

　　第二个倒相器的输入来自于第一个倒相器的输出,对第二个倒相器来说,即便它的输入不是直接来自于电源而是来自晶体管,它的输入仍然还是 0 或者 1,如图 1-36 所示。

　　最终的输出被反相了两次,高进高出,低进低出。

　　倒相器是最简单的逻辑门。每个微处理器内部都有数以千计的

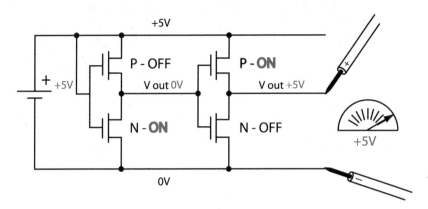

图 1-36　不必将每个输入都接在电源上而可以将它接在另一个晶体管的输出上

倒相器,但只用倒相器还不足以完成微处理器复杂的功能,即便你把两个倒相器串在一起也不过如此。所以需要构造更为复杂的电路才能创造出一个真正的微处理器。

下面你会看到两个更有意思的逻辑电路。先花几分钟时间对照两个电路的真值表,在心里想一想高低电压在电路里是怎么变化的。两个电路都是两组栅信号输入,A 和 B,每个信号都可以独立为高或低电压,公共的输出称为 Z。

自己对照表中的值确认一下与非门和或非门的逻辑功能是否正确。在这里,高电平表示开启,在表中为 1;低电平表示关闭,表中为 0。

1.13.3　与非门

与逻辑功能是只有两个输入 A **与** B 都为逻辑 1 时输出才为逻辑 1。

与非就是"与的反相",也就是"把与的结果取反"的意思。与非的功能是将与功能的结果取反。所以,如果与逻辑输出为 1,与非逻辑则变为 0,与逻辑输出为 0,与非逻辑则变为 1。只有当 A 和 B 都为 1 时,输出才会为 0,这一点从图 1-37 所示的真值表中可以很清楚地看到。

1.13.4　或非门

或逻辑是当任一输入,A **或** B,或者两者,为逻辑 1 时输出就为逻辑 1。

或非就是"或的非"的意思,也就是"对或取反"。或非的功能是将

2输入与非门

A	0	0	1	1
B	0	1	0	1
Z	**1**	**1**	**1**	**0**

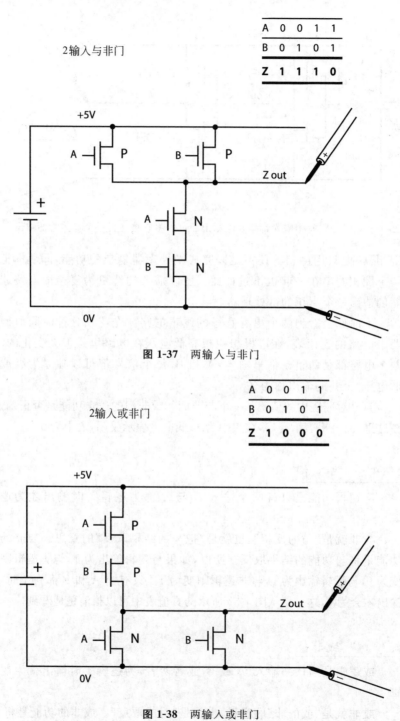

图 1-37 两输入与非门

2输入或非门

A	0	0	1	1
B	0	1	0	1
Z	**1**	**0**	**0**	**0**

图 1-38 两输入或非门

或功能的结果取反而得到的。所以如果或逻辑输出为 1，或非逻辑则变为 0，或逻辑输出为 0，或非逻辑则变为 1。这样就得到了或非门，这一点从图 1-38 所示的真值表中也可以很清楚地看到。

想一想这些电路中每一种 A 与 B 状态的组合，用手指沿着电路图走一遍，在脑子里想想输出是什么，然后与真值表核对一下结果，看看对不对。

结束语

到此为止，我们已经介绍了所有的集成电路基础理论，已经把一些非常简单的概念串成了一条线，从最简单的原子讲到复杂的逻辑门。

以上内容在大学里通常需要 3～6 个月的时间去学习，而且一般讲得很深，有很多复杂的公式，所以你会发现这本书的分量很重。

如果你一直是循序渐进学下来的话，肯定可以理解这些概念，并且为你去理解将要设计的版图建立了良好的背景。这种理解会伴随你度过整个版图工程师的职业生涯，而且会使你获得创新和多产的能力。虽然在学习过程中作了一次投资，但在你随后的职业生涯中将会得到回报。

我个人认为，理解工艺技术是很必要的。实际工艺制备需要 20～30 步复杂的步骤，理解每一步工艺干什么会让你理解这项技术并让你理解如何来布局新的版图。

你必须知道你画的是什么，不能盲目地投身进去就希望它能正常工作。我认识的一些最出色的版图工程师常常会对他们自己说："哦，如果我把这道扩散、那道多晶硅淀积和那道金属淀积的步骤组合起来去取代一个电阻、二极管和晶体管的话，我就可以把它们整合在一起，从而可以节省一半的尺寸了。"

减小了尺寸你就节省了成本，因为你在同样大的面积里做了更多的东西，这样就赢得了优势。如果你不知道那些工艺步骤有什么用，就有可能在你的版图中加了很多没用的东西。

你不一定需要对能量的每一部分都了解得很细，比如电子穿过 PN 结的能量。但是这些对制作晶体管是很好的背景知识。它解释了场效应是如何发生的。

这是启发性的背景知识,你迟早会用到的。理解得越深你就越不容易意识到自己已经用到这些知识。而当你最终可以下意识地使用它们的时候,你会一辈子记住它们的。

这么多理论已经足够带你进入真正有趣的设计工作当中了。

下一章将要讨论**如何**在硅中掺入其他的原子,当然不能用镊子,我们怎样使它们掺在所设计的位置上呢?

本章学过的内容

在本章中,你看到了以下内容:

- ■ $V=IR$ 以及其他串并联公式
- ■ 绝缘体、导体和半导体的定义
- ■ 硅中掺杂的原因
- ■ N 型、P 型材料的定义
- ■ PN 结作为整流器和二极管
- ■ 用 PN 结隔离晶体管
- ■ 在 P 型区域上掺入 N 型杂质以便更有效地制备晶体管
- ■ 半导体开关
- ■ 场效应晶体管
- ■ 互补型开关
- ■ CMOS 逻辑电路
- ■ 用电压代替电流表示电路状态
- ■ 与非门和或非门

......

应用练习

根据表中给定的输入状态写出图 1-39～图 1-41 的每个电路的输出状态,在表中的结果栏写下 0 或 1,要小心,可能会有陷阱哦!

初级：简单

简单的3输入系统

A	0	0	0	0	1	1	1	1
B	0	0	1	1	0	0	1	1
C	0	1	0	1	0	1	0	1
Z								

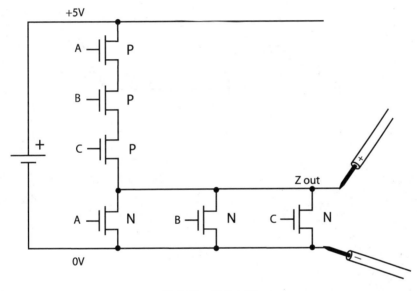

图 1-39　简单电路

第二级：中等

中等难度的3输入系统

A	0	0	0	0	1	1	1	1
B	0	0	1	1	0	0	1	1
C	0	1	0	1	0	1	0	1
Z								

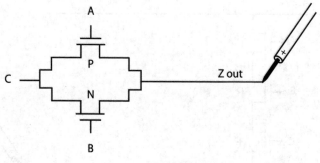

图 1-40　中等难度电路

第三级：难

高难度的 3 输入系统

A	0	0	0	0	1	1	1	1
B	0	0	1	1	0	0	1	1
C	0	1	0	1	0	1	0	1
Z								

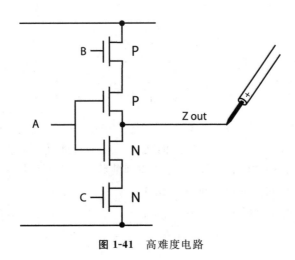

图 1-41　高难度电路

答案:

1. 简单电路

A	0	0	0	0	1	1	1	1
B	0	0	1	1	0	0	1	1
C	0	1	0	1	0	1	0	1
Z	1	0	0	0	0	0	0	0

这很简单,电路完成或非功能。这是 3 输入或非门。必须所有 P 管开启(A、B 和 C)才有输出高电平,只要有一个 N 管开启就输出低。

2. 中等难度电路

A	0	0	0	0	1	1	1	1
B	0	0	1	1	0	0	1	1
C	0	1	0	1	0	1	0	1
Z	0	1	0	1	X	X	0	1

在这种组合下,我们发现有不确定的输出态。这就是当两个管子都关闭的时候(A=1,B=0),这时无论 C 是什么状态,通过两个关闭的晶体管都不能"看见"C 的状态。在其他状态下,只要有一个晶体管开启,输出端的结果与 C 的状态相同。

3. 高难度电路

A	0	0	0	0	1	1	1	1
B	0	0	1	1	0	0	1	1
C	0	1	0	1	0	1	0	1
Z	X	1	X	X	X	0	X	X

这种组合经常用在输出级。中间的两个器件可以认为是个倒相器,但是顶部和底部两个晶体管必须开启才能让倒相器"看到"电源。当 B 管和 C 管都开启时,倒相器正常工作,否则,输出将被有效地断开。

有时这种断路也称为"三态",就是除正常双态系统之外的第三态。

第 2 章

硅加工工艺

2.1　内容提要

在本章中,你将看到以下内容:

- 半导体掺杂如何进行
- 杂质对材料特性有哪些影响
- 如何在半导体上附加材料层
- 如何从半导体上去除材料层
- 当需要时,如何精确地控制这些变化
- 硅加工工艺是如何进行的
- 掩模设计如何与工艺步骤对应
- 怎样有效地组织工艺

……

2.2　引言

在第 1 章中,介绍了在硅晶体中掺杂形成自由电子,并控制这些自由电子运动完成需要做的工作。我们可以在芯片的任何位置对这些 N 型掺杂区和 P 型掺杂区进行布局。现在,我们需要学习如何实现这些布局。

在这章中,将介绍如何根据集成电路芯片的设计,精确地控制硅材料生长、切片、注入以及沉积与刻蚀。通过这一章,我们将了解如何将产品的构想变成一块集成电路。

对于衬底材料——硅晶圆,我们能够做三件事情:改变它的材料性质;增加材料层;移去材料层。一旦理解了怎样做这些改变,就能够根据要求对特定的区域进行材料性质的改变,增加或除去材料层。

2.3 集成电路版图

集成电路是按工艺步骤顺序加工完成的,随着工艺加工过程逐步进行,各种材料层被逐步叠加到集成电路上,芯片越来越厚。每一步工艺都对应着一个几何图形,这些几何图形彼此关联形成三维的器件结构,正是这些共同工作的器件构成了集成电路芯片。集成电路**版图**是加工层的两维表示,正是对这些材料层的加工实现了一个集成电路。

在早期开发集成电路时,各层版图是画在透明的红色塑料薄膜上的,每一加工层对应一层塑料薄膜。所有这些版图层之间必须精确地对准。今天,我们使用**计算机辅助制图(CAD)**工具绘制集成电路版图的每一层,当然,这些版图层还是必须精确地对准。

问题是所画的那些图与真正在集成电路制造工艺中形成的结构是什么关系,换句话说,这些两维图形怎样才能成为三维的产品。弄懂隐藏在这些图形后面的工艺过程,将有助于理解与制造相关的设计规则。

我们可以利用某些计算机辅助工具对照工艺设计规则检查所设计的版图。有时,那些由计算机检查软件所输出的内容非常难理解。对于撰写规则的人来说,可能感觉到这些结果非常难懂,但对于我这样的版图工程师却不是问题。这种差别也说明了为什么我们需要更多地了解版图图形,了解它们是怎样变成真实材料层的。

假设,某人已帮助你设计完成了一个晶体管版图的主要部分,你现在的任务仅仅是设计连接三个电极的金属引线。

与采用多层金属对已初步布局的单元进行连接类似,大部分的版图设计工作就是这样完成的,现在的问题是,你是否理解了正在进行的设计工作。

例如,你可能想:这就是一根金属连接线,我可以随意地放置,可以让它从晶体管的上面穿过。但是,当芯片被加工完成后,你可能会发现晶体管被短路了。

"这是蓝色——颜色相同,就是稍微暗一些,谁会注意?",但是,当你运行设计规则检查软件时,你将发现有大量奇怪的错误信息,例如,提示"这里离埋层太近"。

　　当你咨询你的老师这些信息是什么意思的时候，他们会告诉你，尽管你采用的那一层材料通常也可以用作为连线，但是，它也是晶体管内具有其他功能的结构层，如果你把它作为连线跨越晶体管当然会有问题。

　　随着逐渐了解了集成电路是怎样制造的，你就应该开始想象，你所画的一个矩形图形在加工完成后的三维结构是怎样的。正是这样的学习与理解将使你成为一个熟练的版图设计工程师。

2.3.1　基本矩形

　　CAD 工具设计的版图是两维的，而芯片是三维的。当你在画着两维的正方形、矩形或其他图形的时候，应该想象它最终的形状、层与层的上下关系、厚度以及连接等。必须仔细地思考你的版图和结果是什么，这可能比较困难，但你必须习惯。

　　有时，许多层包含在一起，这时设想它们的三维结构是困难的。因此，如果你能够弄明白三十多层工艺中的五或六层，并且按这样的规律循序渐进地去理解，问题就简单了。

　　现在来看看 CAD 工具是如何一层层完成制图的。

　　让我们观察一个场效应晶体管（FET）的侧视图，如图 2-1 所示。

图 2-1　FET 的侧视图

　　实际结构并不像我们所画的图形那样简单，栅和氧化层（中心区域）实际上不是一个平面，它们是彼此叠放的材料层，中心区域的二氧化硅是凹下去的，栅在它的上面并且爬越台阶到达上表面，如图 2-2 所示。

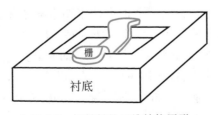

图 2-2　栅材料的三维结构图形

爬越厚的二氧化硅台阶使得栅材料起伏不平,在下落的边界处形成覆盖,然而,在 CAD 工具所画的图中并不能看见这些起伏,只能看见栅伸出了下面图形的边界。同样地,当栅爬越被刻蚀而形成的凹陷区边界时也有类似的情况,如图 2-3 所示。

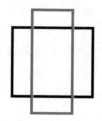

图 2-3 说明栅材料延伸出晶体管边界的顶视图

因此,虽然在计算机屏幕上仅能看见两个矩形,在真实图形中却是上下错落。由于覆盖,爬越边界的栅材料改变了原来台阶的陡峭程度。尽管一个矩形表示了凹陷的氧化层图形,另一个矩形表示了凸起的栅,但在你的 CAD 工具中,它们看上去都是相同的,就是矩形。

你应常常自问:我真正画的是什么? 它是芯片上我需要形成的一个窗口吗? 或者,它表示了在芯片上层的一块材料吗? 再或者,它表示我希望的某个材料部分发生化学变化,但仍留在原处? 尽管与我们打交道的仅仅是一些矩形,但对于不同的制造商却是完全不同的结果。他们怎么能知道我们要什么呢? 怎么能保证我们将得到什么呢?

让我们来一步步地制造一块芯片并且学会怎样去解释所画的矩形。首先来了解用于芯片制造的硅材料是如何制造的。

2.4　硅晶圆制造

制造集成电路芯片需要硅单晶,虽然是单晶,但它可以是非常大的晶体,与晶体尺寸做比较,"希望之钻"(Hope Diamond)就像一粒芥子。

研究人员以一种相当聪明的办法来制造硅单晶。你有没有用糖(盐)水做过这个实验:在一个盛着浓的糖(盐)水的大容器中悬挂一块晃来晃去的棉纱,最后就析出了糖(盐)的晶体? 这就是糖(盐)的单晶。硅单晶也是这样制造得到的。

加热一个大坩埚中的硅,直到它完全熔化,采用上述的办法,在一个悬挂着的旋转籽晶杆上有一个小的种子晶体,这个种子晶体被称为籽晶,它不算太小,有一定的重量。这个籽晶被慢慢地下降进入坩埚中,直到接触熔化的硅表面。

一旦籽晶接触到熔化的硅表面,坩埚的温度就被降低,逐渐地,冷却的硅原子开始附着在籽晶上,就像形成糖的晶体那样,随着它们被冷却而团聚在一起。

一旦晶体开始生长,那个旋转着的籽晶杆就开始带着籽晶从硅熔化物中慢慢地上升,非常非常慢。随着上拉过程继续,晶体在连续生长,最终,初始的小籽晶变成了一个巨大的单晶棒,坩埚中所有熔化的硅都聚集到单晶棒上,现在,它看上去像一个悬挂着的圆柱,如图 2-4 所示。巨大的单晶生长过程结束,我们取下它,它看上去就像一个巨大的萨拉米香肠。

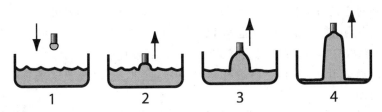

图 2-4　一个硅籽晶生长成一个大的单晶硅棒的过程

这种晶体生长的方法被称为晶体生长的**切克劳斯基法**（**Czochralski method**）。相应的设备通常被称为**晶体拉制炉（拉晶炉）**。

　　我曾经在一个研究室工作,我的隔壁有一台这样的晶体拉制设备,拉制一个硅单晶棒需要花费数天的时间。有的单晶棒直径能够达到 8in,在那个年代,这个尺寸是领先水平了。

接下来,就像切面包片一样,硅单晶棒被切割成薄的圆片。这些圆片被称为**晶圆**,大约 $250\mu m$ 厚,如图 2-5 所示。

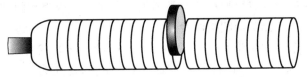

图 2-5　大的单晶棒被切成晶圆,圆周的某些部分被处理成直边,以便于工人精确地对准晶向

在真正使用这些晶圆之前，它们必须被清洗、抛光，并进行平整度和缺陷检查。我们所有的集成电路芯片都是在这些晶圆上制作的，这些晶圆被称为**衬底材料**。

就像切割钻石一样，切割硅片要沿着一定的解理面进行。为使晶圆容易切割成芯片，芯片也必须按照晶圆的晶格方向排列。晶格的取向取决于籽晶的取向，所以，籽晶的晶向必须合适，如果没有适当地选准籽晶的晶向则晶圆的晶向也是不正确的。晶体拉制是一个精细的控制过程。

一些工艺步骤和晶向有密切的关系。例如，一些化学腐蚀过程，在不同的晶向上腐蚀的速度有很大的差异。通过在晶圆上磨出一两条直边，可以使技术人员知道如何确定晶向，圆周上的这些直边使我们在对准芯片方向上有了参考，使我们可以控制特殊的腐蚀。

除了硅以外，晶圆也可以是其他材料，例如**砷化镓**半导体（**GaAs**），它非常、非常容易碎，你用一个小刀片轻轻地压一下，GaAs晶圆就裂开了，并且它将沿着晶向裂开，因此，可以按照这条直边来进行对准。

最后，我们要利用晶圆来进行芯片的加工。如果能够在一个晶圆上同时制造许多的芯片，当然就不会只加工一个芯片。实际上正是这样做的。在一个晶圆上纵横排列着许多芯片，这些芯片彼此相邻，一个晶圆上可以有数百个芯片，如图 2-6 所示。当然，当这样做的时候，将来就必须通过切割将芯片分开。

图 2-6 一个晶圆被用于制造许多芯片

芯片被设计成矩形以便与晶圆的晶向对准。因为晶圆是圆形的，所以总有一些晶圆面积被浪费掉。

每一个小的矩形就是一个独立的小硅片，它们或者是完全相同的，或者是基于同一设计的不同品种，再或者，可能为了进行晶圆测试，采用四种不同的芯片，重复、交叉地放置在晶圆上，这样，就能够在晶圆上不同位置进行测试采样。这可是一个好的采样方案。

晶圆越大,同时得到的芯片越多。加工一个 1in 的晶圆和加工一个 8in 的晶圆所花费的工作量相同,所以,采用大晶圆加工芯片更经济。这就是我们追求的目标:要在大的、薄的晶圆上制造尽可能多的芯片。

你可能担心硅晶圆太薄,实际上,硅具有较好的机械强度。

由于某种原因,你可能跌落了装硅晶圆的盒子,幸运的是大部分硅晶圆可能还是好的,但如果你跌落的是装 GaAs 的盒子,那就像玻璃一样全碎了,我亲眼见过这样的事情。

而且不止一次。

在大的坩埚里熔化的原材料并不是完全纯粹的硅,里面加入了一些前面曾经介绍过的杂质。刚开始,坩埚内放入的是纯硅,在硅熔化的过程中掺入了所需要的杂质,并且可以按照需要控制杂质量。就像一个配方,就像烤饼干时知道放多少苏打一样。

搅拌器帮助杂质混合进硅中。通过搅拌和加热,杂质最终均匀地散布到硅中。

P 型材料含有正电性的杂质。通过加入更多的 P 型杂质,我们也可以得到 P+ 材料,甚至可以得到 P++ 材料,这包括了聚集在一起的团。也可以制造轻掺杂的 P- 材料,甚至 P-- 。可以通过控制加入的杂质改变浓度水平。

N 型材料含有被加入的负电性杂质。同样地,也可以改变 N 型杂质的浓度,得到 N-,N+,N++ ,这里的“+”越多,表示浓度越大①。

现在,已经有了大的并且容易处理的硅衬底——晶圆。下面将讨论如何制造集成电路所需要的各种材料层。

2.5　掺杂

加工工艺可以分为三种主要类型:改变已有的表面材料,增加额外的材料层,去除材料层。某些工艺步骤则可能是这三种工艺的混合。下面首先学习如何改变硅衬底的掺杂类型。

---

① 最多可以达到 11 个“+”。

2.5.1 离子注入

我们已经介绍了通过在硅衬底中引入杂质形成 PN 结。怎样才能确保那些杂质被掺进去呢？可以想象，通过一个细细的镊子一次一个地将杂质原子放入晶圆肯定是十分痛苦的事。因此,我们利用今天的工程师们所采用的掺杂手段：注入。就像打靶时将子弹强行打入目标一样,注入将把杂质强行打入硅中。

选择什么样的杂质掺入硅表面取决于你所需要的半导体类型,可以采用硼、镓、硫或其他需要的注入原子。杂质首先被转变为**离子**,离子是失去了一些电子或得到了一些电子的原子,原子失去电子成为带正电的离子,得到电子则成为带负电的离子。这里以带正电的离子为例。

许多晶圆(大约 25 片吧)被放入一个大的靶室,通过大功率的真空泵将靶室中的空气抽去。

被产生的离子在一个极高的负电压作用下加速飞向晶圆,这个负电压位于晶圆与离子源之间,有数千伏之高,正是它使这些离子运动。

这些带正电的离子被负电压吸引到达晶圆。用磁场控制离子的聚焦和运动轨迹。通过这样的方式可以在晶圆的表面注入各种杂质,如图 2-7 所示。

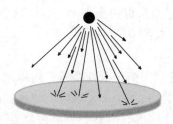

图 2-7 类似霰弹枪发射,杂质被注入到晶圆的表面

杂质离子以极快的速度运动,径直嵌入了我们的晶圆,就如子弹击中奶酪。它们的速度越大,射入得越深。这个工艺被称为**离子注入**。

2.5.2 扩散

遗憾的是,这样的掺杂方式损伤了晶格,而我们依赖一个好的晶格结构来实现 PN 结的正常功能,必须设法使晶格恢复正常。

采用**退火**的方法可以修复晶格。即对晶圆加热,这有助于所有原子回到原先的格点,恢复有序的结构。这就像摇一个杂乱的装着网球的盒子使那些球均匀地排放整齐一样。

　　我们都知道如果你滴一滴墨水到一盆水中,墨就会散开。对于注入的原子也有相同的情况,这是加热的第二个作用。正如水中的墨向下、向四周散开一样,随着退火,原子也向下、向四周的硅中扩散。因此,在开始注入的时候可以注入得非常浅,当对晶圆退火的同时也使杂质原子向周围的材料中散开,这称为**扩散**,如图 2-8 所示。

退火之前　　　　　　　　　　　退火之后

图 2-8　注入后需要退火,这同时也引起扩散

　　扩散引起杂质的再分布。然而,你可能并不满意这种扩散,这种扩散可能是太弱了,或者,它达不到要求的浓度,或者,它达不到要求的深度,所以,扩散过程必须被充分地控制。

> 　　当你接触实际工艺的时候,可能会遇到这样的提示:"你不能在那儿安排材料层",当你问为什么的时候,他们会说:"这两块材料都会扩散,将引起短路"。
> 　　弄明白了你要做的工艺,你就不再是听众,而是解答者。

　　这就是基本的扩散。我们可以通过注入使杂质原子进入晶圆的表面,通过退火修复晶格。我们也知道了退火会引起轻微的扩散,剩下的问题是如何精确地得到所要求的深度和浓度。

2.6　生长材料层

　　除了通过离子注入改变晶圆的表面属性外,或许还希望在晶圆上增加一个新的其他材料层,下面说明各种增加新材料层的方法。

2.6.1　外延

　　一些半导体器件为了得到正确的功能而需要在其他硅层的上面制作一层质量非常好又较薄的硅层(例如,我们的 PN 结需要在单晶硅内形成）。任何新的硅层必须与衬底的晶格相匹配，但是，并不是采用任何方法都能够做到这一点，因为某些方法不能够保证晶格的对准，要想保持原有的晶向，生长另一层硅的过程是非常缓慢的。

按照原先的晶向在一层硅上生长另一层硅的工艺称为**外延**。外延有几种方法，这里介绍最常用的方法。

2.6.2 化学气相沉积

某些气体在高温下混合将反应生成硅。如果将反应控制在晶圆附近，则可以在晶圆上沉积一些硅原子，事实上，可以通过控制温度来帮助原子在晶圆上凝聚。通过混合气体生长新的材料层的方法称为**化学气相沉积**或 **CVD**。

下面介绍 CVD 技术：

将晶圆放在一个特制的炉内，炉内有一个能够承受非常高温度的石英炉管。在炉管的一端安放了一些将被泵入的可高度反应的气体。混合气体被高温激励而相互碰撞反应，这些反应气体在炉管内被输运直到它们撞击到晶圆，由于晶圆的温度比气体低，因此，混合气体中的硅被凝聚在晶圆的表面。这样的过程就在晶圆表面生长了与衬底晶格一致的外延层，如图 2-9 所示。

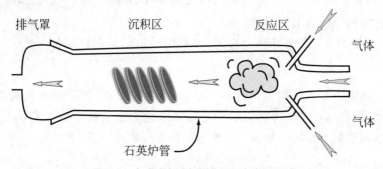

图 2-9 气化的硅同时凝聚在许多晶圆上

采用不同的气体混合，就能够生长不同类型的硅。硅层可以是 P 型的，也可以是 N 型的，甚至可以在一个沉积过程中通过改变气体混合得到 N 型、P 型交替叠加的材料层。

可以同时对许多晶圆进行外延，气体在晶圆周围均匀地混合并通过，使所有的晶圆被外延。

通过这样的方法可以在原始的硅表面上沉积更多的硅，晶圆变厚了。我们可以利用许多种材料进行沉积,例如,可以沉积硅到二氧化硅的上面。

前面对扩散的介绍已使我们知道,当晶圆被退火的时候,原子将向着各个方向扩散。如果外延层生长在已注入了杂质的硅上面,则退火将引起埋在下面的杂质向上扩散进入外延层。如果设计得当,外延后注入和扩散进入的杂质能够和埋层的杂质连通,形成对埋层的连接,如图 2-10 所示。

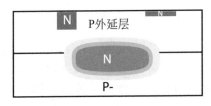
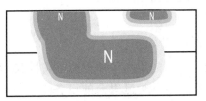

图 2-10 连接两个 N 型掺杂区的扩散过程

回忆一下在前面章节讨论的 FET。栅是位于薄的二氧化硅绝缘层上的。因此可以采用 CVD 技术在这层薄的二氧化硅上迅速地生长一定厚度的硅层作为栅材料。之所以要迅速地生长,是为了避免在CVD 工艺中的加热使杂质扩散得太多。

外延层是硅上的硅,生长缓慢以保持晶向,在 CVD 中快速生长的硅则没有很一致的晶格结构。就像窗玻璃上的霜,它是由许多不同晶体连接组成,而不是一块大的晶体。这种类型的硅被称为**多晶硅**(意思是许多晶体),通常写为 **Poly**。

多晶硅被广泛地应用在集成电路中制作 FET 的栅和电阻。如同硅一样,多晶硅也可以进行掺杂。多晶掺杂通常是为了改变它的电阻率,而普通的硅掺杂是为了改变能级和晶体管特性。

通过选取引入 CVD 设备的气体成分,我们几乎能够沉积所有在化学反应中产生的材料。非常厚的二氧化硅以及氮化硅都可以被沉积。

另一种 CVD 技术是**等离子增强化学气相沉积**,即 **PECVD**。PECVD与 CVD 非常相像,所不同的是利用**等离子体**代替高温启动化学反应。等离子体是气体在非常低的气压下受到高频高压电场激励而形成的一种物质状态。在荧光灯管中就含有等离子体,北极光与南极光也都是等离子体。

等离子体提供了气体间化学反应的能量而不用提高晶圆的温度。低温将有助于维持原先的杂质分布,避免杂质的进一步扩散。

2.6.3 氧化层生长

我们常常需要在芯片的表面布置导线或其他的导电材料,因此,必须采用绝缘层隔离,以防止某一金属层与另一金属层间的短路。一种简单的方法是将晶圆放入含有氧气的高温炉内,晶圆表面的硅变成了硅氧化物。硅氧化物是非常好的绝缘体。就像铁生锈一样,很简单地就得到了氧化层。

2.6.4 溅射

高能等离子体也能够帮助我们沉积某些不能通过 CVD 沉积的材料。在称为**溅射台**的设备中,利用氩气等惰性气体产生等离子体,利用等离子体轰击出材料原子。

现在利用溅射台来沉积一层金属。

在一个密闭容器中,晶圆的上方悬挂着一大块准备沉积的金属材料。该金属将被轰击到晶圆的表面形成一个新的表面层,怎样做呢?

密闭容器中除了少量的氩气外,其他空气被抽出。如上所述,氩气形成高能等离子体。随着高能氩原子轰击金属,迫使金属原子离开金属块进入等离子体,如同喷沙一样。

金属原子被电离成离子并被吸引到下面的晶圆上,随着工艺过程延续,越来越多的金属原子被轰击离开金属,吸附到晶圆的表面,最终,晶圆表面上覆盖了一层适当厚度的金属。这就是你所需要的纯净、均匀并厚度适中的新材料层。

溅射有点像下雪,金属原子落到了你可能都没有预料到的各个角落和缝隙。这或许是好事,或许是坏事。你的工作就是要知道这些差别并能够控制。

2.6.5 蒸发

沉积金属的另一种方法被称为**蒸发**。什么是蒸发呢?

晶圆被装入另一个大的密闭容器中,容器中的空气被完全抽出。密闭容器中有一条卷成螺旋管式样的钨丝,一些小块的待沉积金属放在里面。

随着对钨丝通电,钨丝变得灼热,同时,里面的金属也被加热。随着钨丝越来越热,金属最终开始蒸发。被蒸发的金属原子飞到周围的热气中,最终撞击到较冷的表面并形成一层凝聚层,它们凝聚在密闭容器中的所有地方,当然也包括我们的晶圆。

2.7 去除材料层

某些化学制品能够腐蚀材料。当我们将一些液态的化学制剂倒在晶圆上的时候,将发生某些化学反应,晶圆的表面被腐蚀。当我们在一个清洗槽中洗净腐蚀后的晶圆,下层的材料被暴露出来。这种腐蚀方法被称为**刻蚀**。

通过刻蚀工艺可以去除金属、氧化层等。借助于强有力的化学制品,能够去除许多材料层。

对新材料刻蚀的另一种方法是采用**反应离子刻蚀**,即 **RIE**。RIE的过程与溅射正好相反,电压极性反转,晶圆替代了溅射中的金属而被轰击。如果采用能够与新的表面材料发生化学反应的混合气体,则表面材料的刻蚀速度将更快。

> 晶圆的加工过程是有趣而危险的。在集成电路制造过程中采用的一些酸性物质对健康是有害的,特别是氢氟酸即 HF,特别危险,如果处理不及时则它将侵蚀你骨骼中的钙。正是因为担心 HF,我特地保存了一管氢氟酸中和剂。
>
> 幸运的是,我的老板认为我设计版图比制作工艺更合适,使我有了一个安全的环境。

我们现在知道了如何改变、增加、去除材料层,下面需要学习如何精确地控制这些工艺在晶圆上加工的位置[②]。

我们并不需要将材料层整个地覆盖在晶圆上,也不需要对整个的一层材料进行刻蚀或者对整个硅表面进行注入。通常情况下,仅仅是对表面的一小部分进行加工处理。这就是下一节将介绍的问题。

2.8 光刻

通过在晶圆上覆盖一层光敏的保护材料,我们能够选择特殊的三角形、矩形或其他形状构成的区域进行上面提到的工艺加工。这层光

---

② 也许你们会想:为什么又要将加上去的材料层去掉,不是找麻烦吗?

敏保护材料称为**抗蚀剂**或**光刻胶**。利用光刻胶的保护,能够对区域选择加工,仅仅未被保护的区域能够进行注入、刻蚀、溅射和蒸发。下面详细地介绍光刻胶是如何工作的。

首先在晶圆表面涂敷一层光刻胶,然后烘干,未被曝光的光刻胶保留下来并被硬化、固化成为保护层,被曝光的部分则改变了化学结构,具有可溶性。晶圆上那些被曝光的光刻胶部分随后被适当的溶剂溶解。

光化学反应改变了抗蚀性。

这步工艺被称为**光刻**。事如其名,光刻意思是"用光印刷"。

我们利用一块带有图形的玻璃板,透过这块玻璃板投射一束光到晶圆的表面,就在晶圆的表面形成了图形的阴影,玻璃板上的这些图形对应了要在工艺加工中保护的区域。光线通过玻璃板上透光区域照射到光刻胶上使其曝光,而版上的图形则阻碍了光线的通过,这些未被曝光的区域将变成坚硬的抗蚀层。

这块玻璃板被称为**掩模板**(**mask**),我们所画的每一层图形都对应了一块掩模板。掩模板上的图形通常用铬制作,这些铬层将阻挡光线的通过。

晶圆是平整的圆形,我们将其放在一个旋转台上,从上往晶圆上滴一些光刻胶,旋转台使晶圆旋转并使光刻胶向周围散开,这样,在晶圆上涂敷了一层平整、均匀、薄的光刻胶膜,如图 2-11 所示。

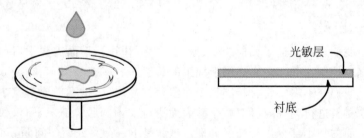

光敏层

衬底

图 2-11 通过在旋转的晶圆上滴一些光刻胶形成一层均匀的光刻胶膜

接下来,首先,通过热烘使抗蚀层变硬,然后,采用掩模板选择曝光,最后,**显影**。

对光刻胶显影是通过特殊的溶剂进行,通过曝光发生化学变化的部分被显影剂溶解并被清洗掉,现在,所有被曝光的光刻胶层都被去除了。

只有未曝光的部分即铬下的区域被保留。这些硬化的光刻胶图形现在用来保护芯片上特殊的区域,避免被加工的区域。正是因为光刻胶阻挡了进一步的加工,所以称为抗蚀剂。

例如,当我们将芯片浸泡在强酸中,由光刻胶保护的区域将不与酸接触,同样地,如对芯片进行离子注入,有胶保护的区域则未被注入。凡是要保护的地方都应有光刻胶。

反过来,在酸槽中的晶圆上未被光刻胶保护的区域则被腐蚀掉。因此,通过选择光刻胶的图形,可以将图形之外的区域暴露在酸液中。在结束酸性腐蚀之后,可以通过其他方法将光刻胶全部去除。通常没有必要将这些光刻胶保留到下一步工艺,因为下一步的图形可能与这一步不同。对于每一步需要进行图形加工的都要制作相应的光刻胶图形,这就是为什么芯片的每一层都需要有自己的掩模板的原因。每一层都有不同的设计。

光刻胶有两种类型。一类光刻胶在原始状态不会被显影剂溶解,只有被曝光后才会被溶解,这种光刻胶被称为**正胶**,它使用得比较普遍。在这本书中所列举的都是正胶的例子。

另一种光刻胶正好相反,被曝光的区域不溶解于显影剂中,而掩模板上阴影区域所对应的光刻胶将会被显影剂溶解。这种类型的光刻胶被称为**负胶**。负性光刻胶不适合制作高质量的图形并且操作也较困难。

在集成电路制造中,无论是注入、刻蚀或做任何其他的表面加工,光刻都是加工的基础,它为我们确定了加工的确切位置。

每一步都需要涂敷一层光刻胶,都需要一块掩模板,都需要曝光,都需要显影,都需要处理,都需要为下一步作准备而去除光刻胶,而这些仅仅是整个工艺过程中的一个工艺步骤,一个材料层。一个芯片的制造可能需要 20 或 30 个材料层。

2.9 芯片制造

现在开始讨论集成电路制造的主要工艺,研究如何将这些工艺步骤组合在一起完成芯片的制造。

2.9.1 下凹图形的加工

这是一个实际例子。将在氧化层上制作一个称为窗口的凹槽,这听上去挺有趣,我们将通过酸性腐蚀方法做一个窗口。

要在一个完整的氧化层上开一个窗口就必须利用光刻胶来保护大部分不被腐蚀的区域,利用光刻胶上的窗口进行选择腐蚀。

请记住,我们使用的是正胶,因此,这就需要在溶解光刻胶的地方让光线通过,那里就是要开窗口的地方。掩模板上除了要透光的地方全都覆盖着一层铬层。作为例子,尽管这里采用了简单的图形,但实际上,在掩模板上有许多轮廓分明、图形复杂的区域。

被铬覆盖了大部分区域的掩模板被称为**暗场掩模板**,掩模板上的大部分区域都不透光,如图 2-12 所示。

图 2-12 暗场掩模板

主要的步骤是:

(1)将掩模板覆盖在芯片上,然后曝光。

(2)光线仅能通过铬版上我们开窗口的地方。

(3)在光刻胶上被曝光的区域发生光致化学反应。

(4)显影,曝光区域被显出。

现在,在光刻胶上有了一个窗口,它精确地位于被光线照射的部位,如图 2-13 所示。

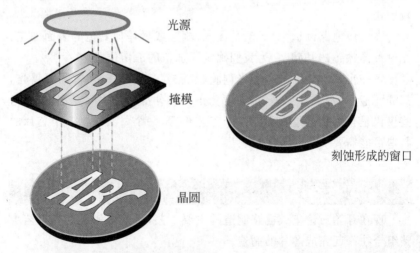

光源

掩模

刻蚀形成的窗口

晶圆

图 2-13 通过曝光和显影,留下了一个窗口

将芯片放入酸液池,这种特殊的酸腐蚀了氧化层,但留有光刻胶的表面却被保护住了。氧化层被腐蚀的部位仅仅是我们要开窗口的部分,图 2-14 说明了加工过程。

在用特殊去胶溶剂去除光刻胶之后,才能再开始下面的工艺步骤。注意,由图可见氧化层已经被腐蚀过了,实际的窗口大于掩模板上的图形。在设计掩模图形尺寸的时候要仔细地考虑过腐蚀的影响。

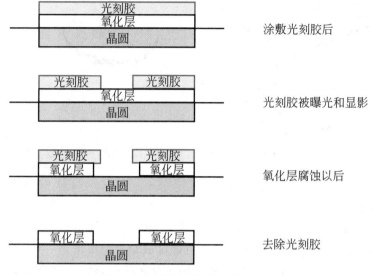

图 2-14   光刻胶保护氧化层示意图

2.9.2   凸起图形的加工

现在,让我们利用光刻胶并通过酸性腐蚀制作一个凸出于表面的图形[3]。作为一个例子,这里在芯片上制作一个栅区。

和前面一样仍采用正胶。假设预先在晶圆上沉积了一层新的材料层,这里采用的是多晶硅栅材料,我们需要刻蚀它,如图 2-15 所示。与上例刻蚀一小部分区域所不同的是,现在需要将大部分区域刻蚀掉,留下的是小部分。

现在仅需要保护表面的一小部分,阻止它与酸接触,因此,掩模板保持了玻璃的透明,仅有少量的铬区。这种掩模板称为**亮场掩模板**,掩模板的大部分是透明的。

再一次实施曝光、显影和刻蚀,现在,只有多晶硅栅材料按照要求被留下了。这些小的被保护的区域全都凸出在表面上,其他部分则被

---

③   你可能会说可以通过向下溶解形成向上的图形,但这里不同,请相信我们,我们是作者。

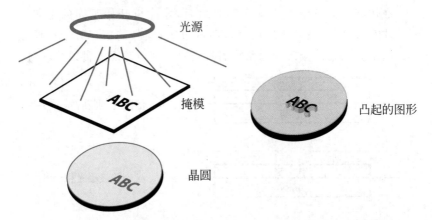

图 2-15 为制作凸起的图形,首先沉积一材料层,然后腐蚀掉凸起图形之外的部分

刻蚀掉了。

在用特殊去胶溶剂去除光刻胶之后,我们能够再开始下面的工艺步骤如图 2-16 所示。只利用一点点的区域却要每次覆盖一整层的材料,这似乎太浪费了。如果能够利用已存在的材料层则是个好主意,这样可以减少工艺步骤,节省时间和费用。

再一次地提请注意:最终形成的栅的尺寸是与掩模板上的尺寸有误差的,栅的过腐蚀使它的尺寸小于我们所设计的尺寸。在设计中必须考虑这些尺寸的扩大和缩小。如果要求栅的尺寸是 $1\mu m$,并知道加工将使它缩小 $0.1\mu m$,则设计画图时要扩大 $0.1\mu m$ 去补偿。

2.9.3 平坦化

在进行了这样凹下去和凸出来的图形加工后,晶圆的表面变得非常不平整,尤其是在好几层以后。如果需要,可以通过一些新技术,如刻蚀、研磨和抛光方法使晶圆表面再次变平。使晶圆表面变平的技术被称为**平坦化**。

如果不采用平坦化技术,新的材料层可能会上下起伏,越过一些陡峭的凸起和凹槽。这些凸起和凹槽的拐角会引起应力,使材料在陡角处拉伸变薄,因此,必须增加额外的材料厚度以避免断裂。

只要使原先的平面变平坦了,你就可以采用较薄的材料层,就能够制作更小的图形,加工更小的尺寸。尺寸越小性能越好、速度越快,也越便宜。所以,平坦化改善了芯片的性能。

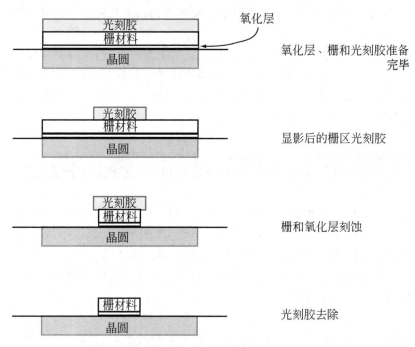

图 2-16 通过刻蚀掉周围的材料而形成栅的过程

2.9.4 作为掩模的二氧化硅

采用光刻胶来屏蔽离子注入的效果并不太理想,而硅氧化物则要好得多,特别是它足够厚的时候,有时,氧化物可以起到更好的保护作用。

氧化层很容易获取,在氧气气氛中加热硅就能够生长出二氧化

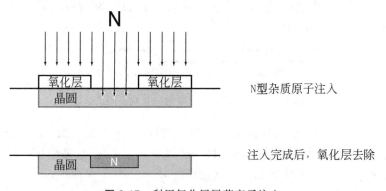

图 2-17 利用氧化层屏蔽离子注入

硅,就像铁生锈(铁氧化)一样简单。刚生长的二氧化硅是一个优秀的注入保护层。

通过光刻加工能够在新生长的氧化层上开一个窗口,并利用窗口之外的氧化层来保护其下的硅。当采用离子束扫描晶圆时,高能的粒子能够穿透光刻胶,却不能透过厚的氧化层,只有氧化层上的窗口处才能被注入,如图 2-17 所示。

<h1>2.10　自对准硅栅</h1>

人们总是希望晶体管具有尽可能快的开关速度。晶体管导通总是比关断它需要更多的时间,这是由于需要产生相当大的耗尽区。另一方面,对于增强型的场效应晶体管,因为栅区下的面积较小,开关比较容易,但尽管如此,还是要求栅与源漏精确对准。

为了形成自动对准,可以利用栅材料自身作为掩模去精确地对准源-漏区。下面介绍原理。

将没有氧化层的裸片放入通有氧气的高温炉内一定时间,就能够得到具有相当厚度的氧化层。接着是光刻胶的曝光、显影,然后在氧化层上刻蚀一个窗口。这个窗口直达硅衬底,使下面的硅裸露出来,如图 2-18 所示。

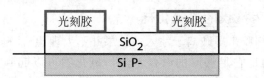

图 2-18　二氧化硅上的光刻胶图形

现在,在需要的地方有了非常厚的氧化层作为隔离区如图 2-19 所示。

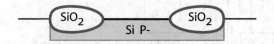

图 2-19　制作两个非常厚的二氧化硅隔离区

将晶圆再次放入氧化炉数分钟,在窗口处生长另一层二氧化硅,这层很薄的二氧化硅将使栅材料与硅衬底非常接近,它是生长在硅衬底之上的薄的绝缘层,如图 2-20 所示。

下一步是沉积多晶硅作为栅材料。多晶硅层覆盖了整个的晶圆,

图 2-20 采用薄的二氧化硅作为栅下的绝缘层

利用栅掩模板进行光刻胶的曝光和显影,如图 2-21 所示。栅掩模板是亮场版,因此大部分的多晶硅被刻蚀。

图 2-21 置于薄氧化层之上的多晶硅栅

栅区经刻蚀形成了一个非常小的多晶硅条,它位于由厚的二氧化硅隔离出来的凹区中。接下来刻蚀掉刚生长的二氧化硅,这时,只有多晶硅栅下的二氧化硅由于栅的保护而留下来,栅条则位于二氧化硅薄层的上面,如图 2-22 所示。在刻蚀掉凹区中的薄氧化层后,凹区的硅衬底再次裸露。

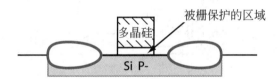

图 2-22 如同掩模板上的图形一样,栅屏蔽了对下面的二氧化硅刻蚀

下一步工艺是离子注入。栅条、裸露的衬底以及厚氧化层都被注入,如图 2-23 所示。

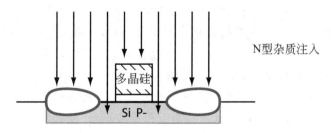

图 2-23 所有区域都受到离子轰击

栅和厚的二氧化硅屏蔽了各自下面的硅,只有栅条两边裸露的硅被注入,这就确保了栅条与源-漏区边界的对准,不需要再采用其他的

对准技术了。

　　在这里栅已经第二次扮演了掩模的角色。由于栅的屏蔽作用，N型杂质不能进入栅的下面，在栅的两边形成了独立的两块 N 型区域。这被称为**硅栅自对准**[④]，如图 2-24 所示。

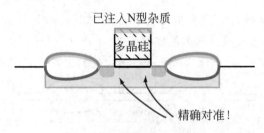

图 2-24　硅栅自对准

　　在进行退火的时候，源-漏区会由于扩散而稍稍进入到栅下一点点，重叠是这样的小，甚至都不能用"浅"来描述。因为覆盖区域非常小，不会增加太多的器件关断时间。

　　在退火的同时，还可以在表面生长另一层二氧化硅。热处理工艺能够既生长二氧化硅又完成退火，如图 2-25 所示。

图 2-25　可以在退火的同时生长二氧化硅

　　栅的基本位置设计没有太多的问题，关键是要注意在边界上，N＋区是否与栅对齐。栅要正好位于厚氧化层之间下凹的区域中间，注入 N＋杂质并且每个图形都必须适当地安置。

　　所有 CMOS 工艺都有差别。有些公司在源-漏区注入时，表面留有薄的二氧化硅，有些则不这样；有些公司不采用在厚氧化层中刻蚀窗口而采用在氧化时利用氮化硅做屏蔽。这里给出的一些例子只是为了帮助对相关工艺获得基本的理解。如果你真的对你所在公司工艺的细节有兴趣的话，可以去咨询工艺操作员，让他们对每步工艺进行解释。在搬运 GaAs 晶圆盒子的时候要小心一些。

---

④　简称 SAINT 工艺。

结束语

这一章阐述了如何将我们所设计的图形转变成三维结构,通过了解如何制造芯片对 CMOS 工艺进行了简述。

当今世界的每一个工艺都不完全相同。例如,对于在扩散层上布线,A 公司的工艺可能很适合,而 B 公司的工艺可能就不行;一些公司允许引线电容,一些则不允许,这些完全取决于工艺。

当你到某公司工作时,他们会告诉你他们独特的工艺,一步一步的细节。例如:"你可以用这个材料做引线,不能用那个。这是扩散区,你可以这样做,不可以那样做。"无论公司的特殊的工艺规则是什么,现在你应该能够就你的版图提出正确的问题并根据答案想象空间结构。

没搞清楚工艺就别离开。

这里,我不是说你搞不懂就不离开,而是说你必须搞清楚工艺。每一个从事版图设计的人都必须了解工艺。

> 当我注视着版图的时候,我想的并不是版图,而是想着这个电路怎样工作,电流在哪儿流动,或者电路节点的电压是多少。
>
> 试着去思考一个流程,使其与你的电路相匹配。去想各个元件、电路,慢慢地,这些图形逐渐就会清晰了。

如果你在一个集成电路制造工厂工作,你能够真实地看见加工过程,这是一个很好的经历。如果你知道了各矩形在三维空间的相互作用,你在设计中就能游刃有余了。有了良好的工艺背景:

■ 你能够编写设计规则。每层材料做什么?它们的相互关系是什么?什么将导致什么?

■ 你能够学会走捷径。例如,这里的二极管与那里的是利用相同的工艺制造,为什么不合并呢?

■ 你能够设计一个全定制的、库里没有的元件,不必再受到只能复制和利用单元库单元的限制。

虽然,你并不需要精通每一个微小的差别,但这将促进你了解基本知识,为你将来理解工作做准备。

随着时间和经验积累,你将能够眼睛看着电路,心里想象着版图,到了这个水平,你就不仅仅是工作,而是在创造。

本章学过的内容

在本章中,你看到了以下内容:
- 单晶硅晶圆的获得
- 利用离子注入对硅进行掺杂
- 光刻
- 亮场和暗场掩模板
- 外延沉积是朝上生长的
- 由退火引起的扩散
- 如何形成硅栅自对准

……

Christopher 的声明:

下面分步给出了典型 CMOS 工艺的流程图。所画的并不完全表示实际半导体工艺的真实截面图,这里对细节做了简化以便说明,目的是让读者对半导体工艺基础有一个感性认识。此外,所表示的工艺是普通的并且不是 100% 准确。我们是有意这样做的,目的是使你理解这些细微的差别,掌握被广泛使用的工艺,换句话说,我们知道流程中的错误,你们不需要来信告诉我们怎样纠正流程。

Judy 的声明:

我仅仅是根据 Chris 的要求画图,我愿意收到邮件。

P型晶圆

P衬底

生长P-外延层

P-外延层

P衬底

旋涂光刻胶

光刻胶

P-外延层

P衬底

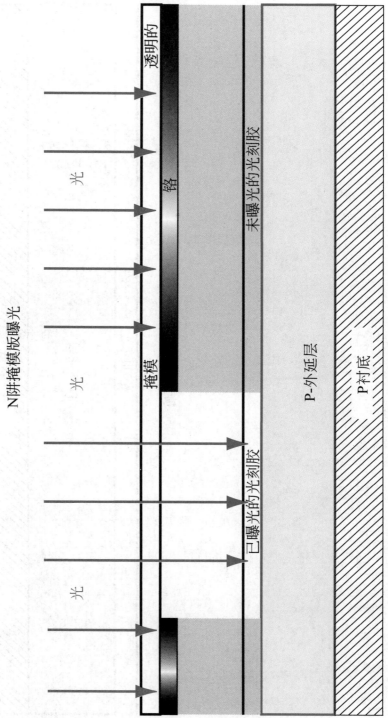

显影

光刻胶

P-外延层

P衬底

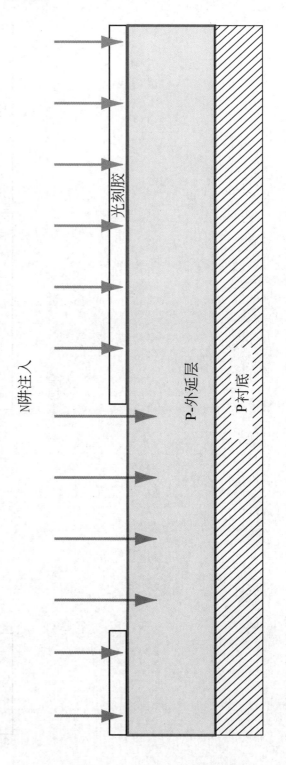

去除光刻胶

N

P-外延层

P衬底

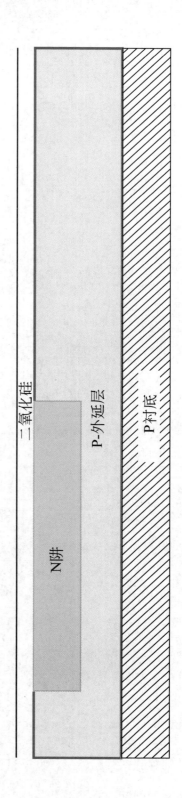

硅片退火——生长新的氧化层并且N阱再分布

去除退火形成的二氧化硅

N阱

P-外延层

P衬底

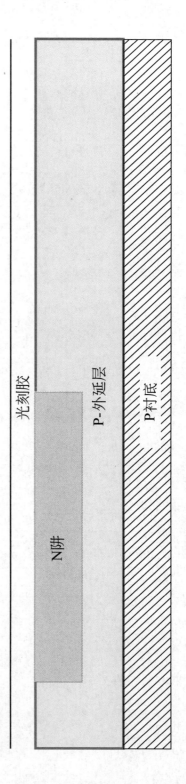

旋涂光刻胶

光刻胶

P-外延层

P衬底

N阱

有源区掩模曝光

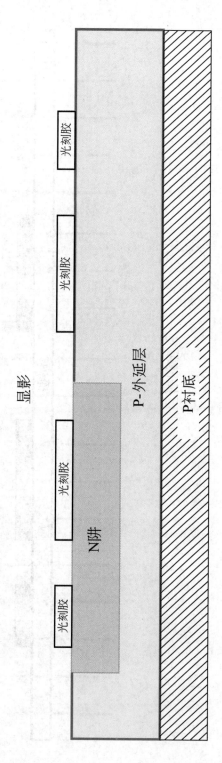

在被暴露表面生长二氧化硅

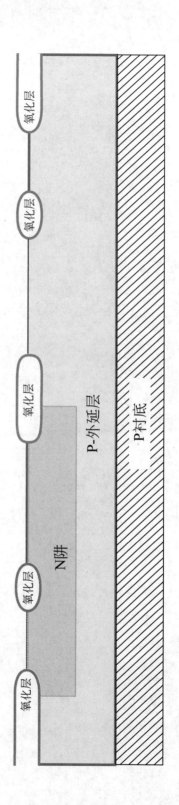

去除光刻胶

晶圆表面生长薄氧化层

氧化层　氧化层　氧化层　氧化层　氧化层

N阱

P-外延层

P衬底

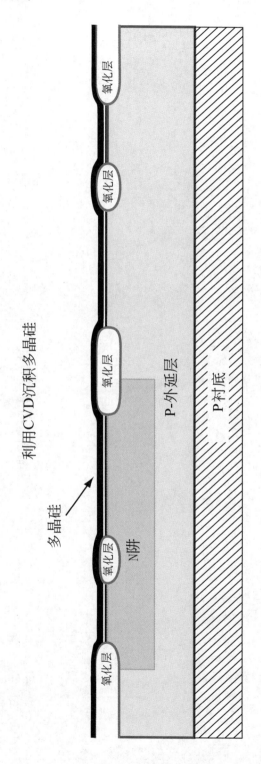

利用CVD沉积多晶硅

旋涂光刻胶
使用栅掩模曝光
显影
刻蚀多晶硅

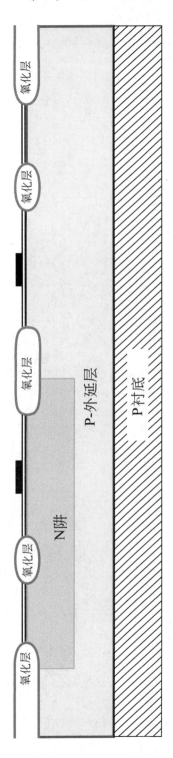

氧化层　氧化层　氧化层　氧化层　氧化层

N阱

P-外延层

P衬底

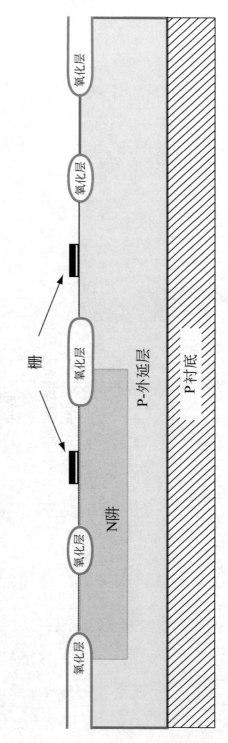

去除栅区之外的薄氧化层

旋涂光刻胶
用 P 注入区掩模曝光
显影
P 型杂质注入

P

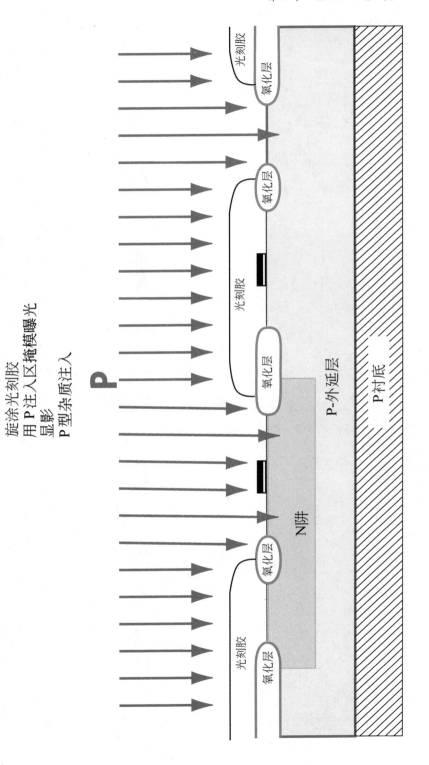

光刻胶

氧化层

氧化层

光刻胶

氧化层

N阱

氧化层

光刻胶

氧化层

P-外延层

P衬底

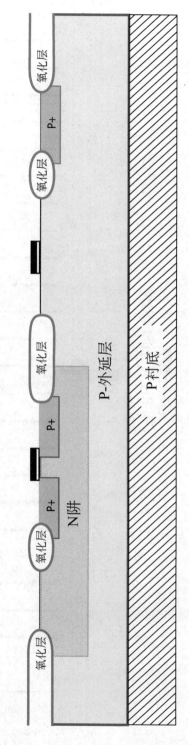

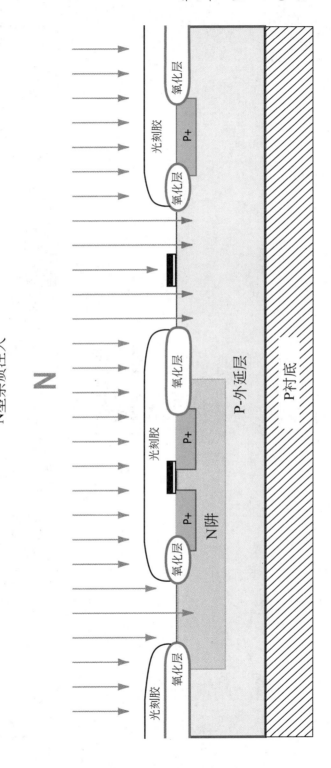

旋涂光刻胶
用N注入区掩模曝光
显影
N型杂质注入

N

光刻胶

氧化层

P+

氧化层

光刻胶

P+

氧化层

P+

氧化层

N阱

氧化层

光刻胶

P-外延层

P衬底

去除光刻胶
退火
刻蚀氧化层

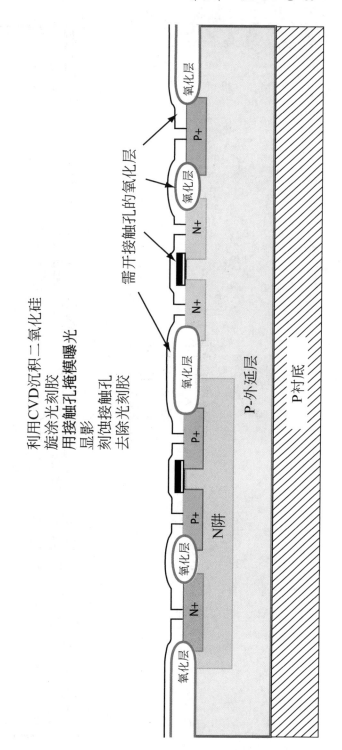

利用CVD沉积二氧化硅
旋涂光刻胶
用接触孔掩模曝光
显影
刻蚀接触孔
去除光刻胶

需开接触孔的氧化层

利用溅射沉积金属 1
旋涂光刻胶
用金属 1 掩模曝光
利用 RIE 刻蚀金属
去光刻胶

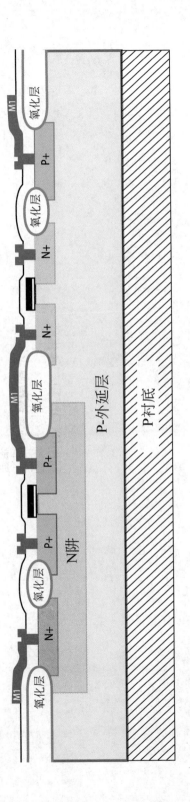

旋涂聚酰亚胺
旋涂光刻胶
通孔 1 掩模曝光（通孔是连接两层金属的孔）
刻蚀通孔
去除光刻胶

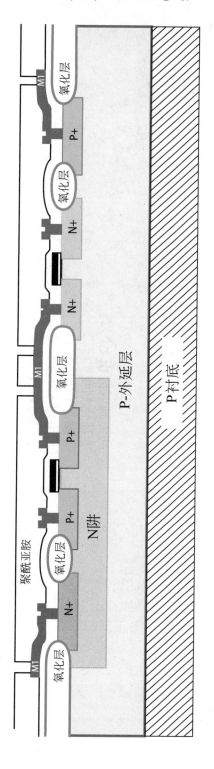

利用溅射沉积金属2
旋涂光刻胶
金属2掩模曝光
利用RIE刻蚀金属2
去除光刻胶

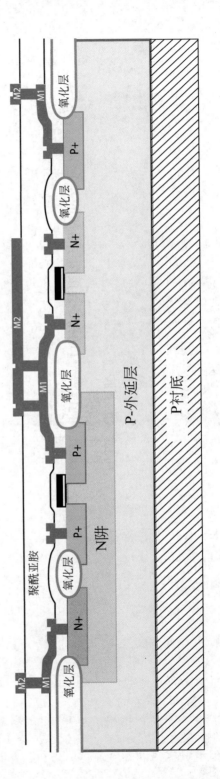

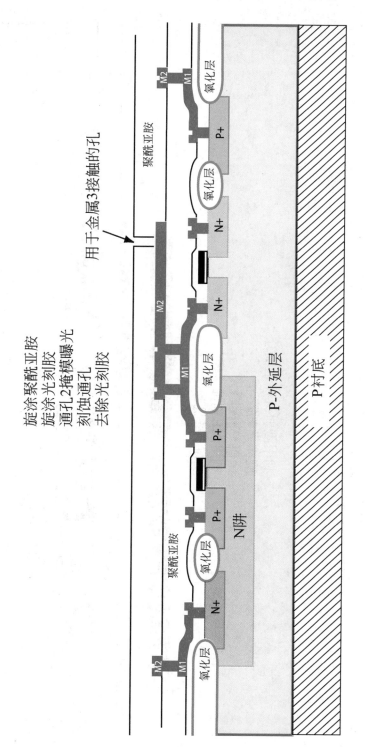

旋涂聚酰亚胺
旋涂光刻胶
通孔 2 掩模曝光
刻蚀通孔
去除光刻胶

用于金属 3 接触的孔

聚酰亚胺

M2
M1

M2

M1

氧化层

P+

氧化层

N+

N+

氧化层

M1

P+

氧化层

P-外延层

N阱

P+

氧化层

P+

氧化层

N+

聚酰亚胺

氧化层

M2
M1

P⁺衬底

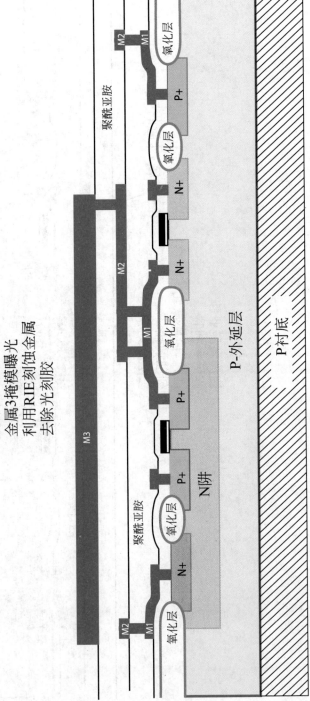

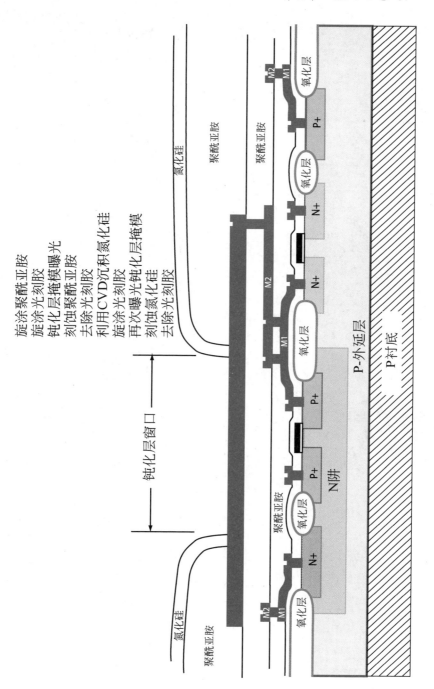

第 3 章

CMOS 版图

3.1　内容提要

在本章中,你将看到以下内容:

- 电路计算机模拟的基本要点
- 规范是如何限制器件尺寸的
- 如何将大尺寸器件分裂成多个小尺寸器件
- 怎样减少寄生电阻
- 怎样采用棒状图作为设计辅助
- 如何释放加工时产生的有害电压
- 如何避免芯片上致命的反向电流
- 原理图、棒状图和版图之间的关系
- 如何在构造多个器件时节约空间
- 用于分析的有趣的示例版图

……

3.2　引言

在前两章中,我们已经构造了分立元件,例如,从衬底向上逐步制造各种材料层构建晶体管。众所周知,集成电路不是一个晶体管,它包括了许许多多的晶体管。

下面将分析各种用于连接这些晶体管和其他元件成为实际电路的技术,将讨论在版图中实现这些连接时各方面的问题。

正如我们从第 1 章以来所做的那样,本章仅针对 CMOS 进行介绍。

3.3 器件尺寸设计

观察图 3-1 给出的基本晶体管图形,这个晶体管有一个位于薄氧化层上的多晶硅栅。图上采用一个矩形表示栅区,另一个矩形则表示薄氧化层区。

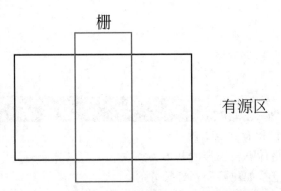

栅

有源区

图 3-1 说明栅区和有源区的 FET 器件的顶视图

这个薄氧区经常被称为**有源扩散区**或**有源区**。有源区将被注入杂质形成晶体管。栅和有源区的重叠区确定了器件的尺寸,重叠区之外的区域对器件的尺寸没有影响。

现在的问题是:我们怎样才能知道如何根据电路性能要求去设计器件的尺寸呢? 要设计多大的重叠区呢? 我们的矩形要画得大一些还是小一些呢?

3.3.1 SPICE

在设计电路之前,设计者需要了解电路将完成什么工作。"我们需要达到哪些性能?"

例如,必须提供电路设计人员一张设计指标要求列表,如:要求放大器具有 20 倍的电压增益,频响范围 20Hz~20kHz,3.3V 电源下 2mA 电流,等等。这是设计起点,这些性能要求被称为**电路设计规范**,或简写为 **specs**。

有了电路设计规范,设计者可以开始设计进程,根据采用的特定工艺的详细信息,电路设计规范定义了基本器件尺寸。

有许多不同的电路设计技术能够用于设计诸如放大器之类的组件。电路设计者选择他认为能够满足指标要求的电路拓扑,然后计算电路的基本性能,检查是否满足电路设计规范要求。

进行基本计算仅仅是电路设计的第一步,所需的时间比较少。然而,晶体管是非常敏感、复杂的器件,有许多相互作用的部分,这些相互作用经常会引起电路偏离计算值,必须对设计进行修正。考虑到复杂的相互作用不可能通过一次设计被完全地解决,所以,设计师首先要确信自己的初步设计在功能上是正确的。

在早期,验证 IC 设计方案的唯一方法是做一个电路并进行测试。正像预料的那样,开始有许多错误,一个芯片从开始设计到最终正确完成需要花费很长的时间。

现在,当我们需要将电路通过集成来实现的时候可以利用计算机进行验证,通过称为**模拟器**的计算机软件来运行我们的设计。软件将显示电路执行什么操作,电流多大,频率响应如何,增益是多少等信息。通过这些商业化的软件,我们不需要真正的硬件测试就可以观察结果。计算机就像一个测试台,它告诉我们实际电路将如何工作。

这些电路模拟软件通常被称为 **SPICE**(Simulation Program for Integrated Circuits Emphasis)[1]。最初的 SPICE 软件是由加州大学伯克利分校在 20 世纪 70 年代开发的。通过软件模拟电路比实际做一个芯片既快捷又便宜。

如同文字处理软件有不同的品牌,模拟飞行游戏有不同的品牌一样,现在的市场上有许多由不同公司开发的 SPICE 版本,这些由不同公司开发的同类程序的不同版本各自具有不同的优点与缺点。

为了使 SPICE 能够精确地预测电路的复杂工作过程,我们不仅需要设计规范和初始原理图,还必须建立相关电路元件的数学描述,如图 3-2 所示。

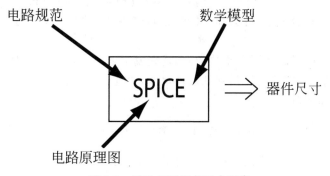

图 3-2 用于 SPICE 的三个要素

---

[1] 或 Several People In Cell Eleven。

电路元件行为的数学描述被称为**模型**。但是,你不能随意假定一个数学方程,它必须能够精确地反映器件的物理意义、器件电特性以及物理特性。

对一个基本器件建模可能要花费数月的时间。对每一个用户而言,基本器件模型是通用的。用户需要制作许多不同尺寸的电路元件,然后记录每一个器件的实际特性。在测量后,采用曲线拟合软件分析所有这些被收集的器件数据。对于某一器件,从这些数据就能够确定有效的模型参数。

SPICE 模型被测量以确保模拟输出的结果能够真实地反映各种实际工作情况。对照真实器件对模型进行检查后,我们就能够自信地利用这些模型去预测电路性能。SPICE 模型的开发是非常复杂的,经过许多年的努力,现在已经建立了许多精确的电路元件模型。

当今的电路设计过程完全依赖这些电路模拟器的模拟结果。

现在,在你的事业中有了另一个你可能从事的专业技术,在模型开发方面你可能发现你有相当的才能和兴趣。继续不断地学习新的事物,涉足超出你日常工作方面的研究能够使你保持工作兴趣,迎接挑战并获得回报。如果你在有兴趣的领域从事研究,在每个方面你都会发现更有趣的东西。有些人就是这样转向了他们所热爱的工作,通过对感兴趣的新概念的研究与推敲,他们确立了自己的研究方向。

SPICE 的模拟结果告诉你,对于给定的器件尺寸与参数,电路是如何运行的。因为很容易对输入参数进行调整,所以,设计者可以不断地变换条件进行尝试,不断地调整器件尺寸与参数进行设计优化。

在模拟器确认了电路功能后,就完成了电路设计。通过对模拟结果的观察,我们获得了最佳的器件尺寸,由此,对于芯片上每一个器件的尺寸都知道了[②]。

利用 SPICE 去确定器件尺寸。

到此,完成了集成电路设计的第一步。我们在初始设计中建立器

[②] 实际上,设计总是不断地修改,经常地,你刚做完模拟,电路设计师又提出了新的设计。

件,然后利用 SPICE 去确定每个器件的尺寸。

当今的 CAD 工具能自动地根据设计规则直接从电路原理图修正器件。在还不能采用 CAD 工具生成器件的年代,所有的器件设计工作都由人工进行。从基本原理出发人工计算各个晶体管的尺寸要花费数天的时间。那时,根据设计草图计算器件尺寸的**能力**是非常宝贵的。

有一些在版图设计领域工作了 20 年的工程师也未曾计算过他们自己的器件尺寸,真是人才的浪费。我认为有许多管理者没有认识到他们的版图设计师有可能变得更有价值,因此没有给他们学习更多知识的机会。没有理由认为版图设计师不能通过计算或核查去确定原理图中的器件尺寸,这应该是他们工作的一部分。不难理解,如果管理者使他们的版图设计师远离有价值和有创造性的工作,这些工程师不久就将会厌烦他们的工作。

没有挑战和培养,很快就会出现没有经验的电路设计师提交了有问题的设计给不成熟的版图设计师的情况,太可怕了。

3.3.2 大尺寸器件的设计

现在,我们已知道了各器件的尺寸,那么,如何将它们组合到一起呢?

假设,由电路设计师提交的电路如图 3-3 所示。

虽然,所给出的电路只是一个简单的差分放大器,但从版图设计的角度而言,我们并不关心电路将做什么,我们所关心的是按照电路设计师所提交的元件尺寸做这些元件。只有开始连接这些元件到一起的时候,我们才考虑电路的功能。

示例电路有两个输入端、两个输出端、正负电源以及电路正常工作所需的偏置电压。通常情况下,原理图中的元件以易于区别的符号进行标记。电阻用 R 标记,MOS 晶体管用 M 标记。图中有 3 个 MOS 晶体管和 2 个电阻。通常情况下电路会包含 NMOS 和 PMOS 晶体管,但在此电路中只有 NMOS 管。

假设,M1 和 M2 尺寸相同,$200\mu m$ 宽,$1\mu m$ 长。M3 则是 $60\mu m$ 宽。我们将重点考虑图中的晶体管设计。

正如前面提到的,版图工程师的首要任务是构造器件。或许,你

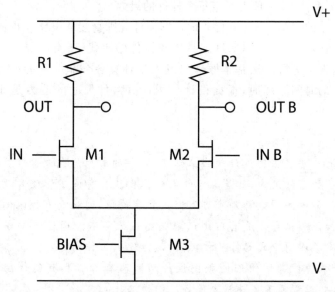

图 3-3 一个简单的电路，M1 和 M2 的尺寸都是 $200\mu m \times 1\mu m$

已有了一个可供复制的标准单元，只要人工拉伸调整到正确的尺寸即可。我们必须非常仔细地遵循元件的所有设计规则。对所做的每一个元件，复制、拉伸调整和规则检查都需要反复进行。

现在，所有的元件都可以直接根据原理图给出的信息构造了。你所要做的事就是在计算机屏幕上编辑原理图并且选择要处理的晶体管，在屏幕上将会出现符合尺寸和设计规则的晶体管。

不论是人工方法或自动方法，现在，假设已完成了电路中的三个晶体管的处理。这时，你将会发现相对于 $1\mu m$ 的长度，$200\mu m$ 实在是太宽了，如图 3-4 所示。

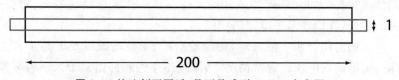

图 3-4 按比例画图后，是不是感到 $200\mu m$ 太宽了

根据经验，应立即停止正在做的版图设计，查看一下有关极限尺寸的规范。

细长的晶体管存在问题。

观察图 3-5 所示的 FET 截面图,还记得在栅和器件的有源区之间有一层极薄的二氧化硅绝缘层吗? 它是引起细长晶体管出问题的原因之一。

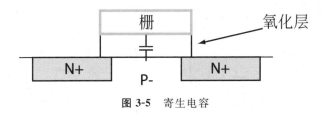

图 3-5　寄生电容

按照电路理论,两个靠的非常近的平行极板构成电容器,因此,每个 CMOS 晶体管的栅下有一个非常小的电容。在栅的两边注入了 N+杂质,栅的正下方是 P-衬底,在栅极与 P-衬底之间存在一个电容。

就 FET 的工作而言,有氧化层绝缘是好的,也是必需的,但它引入的电容却是不好的。

对于细长的晶体管,不仅存在电容,细长的栅还会引入一个一定大小的电阻。

这些不希望的电容和电阻被称为**寄生**元件。

电子学中的寄生与生物体上的寄生类似,就像令人讨厌的绦虫一样,它存在着并且汲取能量。我们不希望有寄生电阻或电容,但他们确实存在并且是能量的消耗者。

寄生电阻与寄生电容对于器件的版图是固有的,但可以设法减小它们的影响。让我们重新考查那个细长的晶体管。

虽然事实上电阻和电容是沿着栅的方向均匀分布的,但是,在图 3-6 中,你却可以看到它们被作为独立的元件画在图中,好像是做在芯片上的实际器件。我们将理想化的晶体管连接在栅电阻的末端,栅电容则连接在栅极与衬底之间。这是我们处理特定寄生元件的方法。

如果在晶体管栅极输入一个连续重复跳变的方波,则在理想晶体管的栅极(图上标注的 A 点)却不是相同的方波形式,代替以极快变化的上跳和下跳,波形的上升和下降变得缓慢了,寄生栅电阻减慢了寄生栅电容的充放电速度。

显然,存在一个 RC 时间常数,栅电压按这个时间常数上升和下

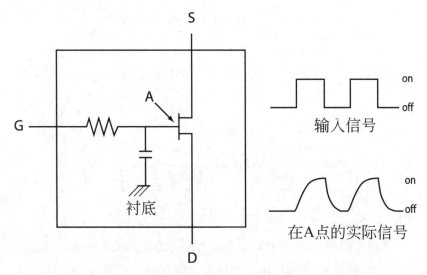

图 3-6 寄生的电阻和电容被单独画出以表示它们的存在，寄生器件降低了信号的变化速度

降，这些寄生元件阻碍了器件以最佳状态工作。

下面我们来讨论如何通过改变版图改善器件特性（看到你的价值了吗？版图工程师直接对公司芯片的性能和设计规范产生影响，这是前面的工作所不能实现的）。

首先，必须保证电路设计师要求的参数，例如，电路设计师提出 FET 的尺寸是 $200\mu m$ 宽、$1\mu m$ 长，必须保证这个参数不变，但同时又必须减小寄生电容或电阻。

晶体管栅的长度（即沟道长度）决定了晶体管开关的速度，因此，栅的长度是不允许改变的，同时，也必须维持相同的**有效栅宽**。注意：后面将经常提到这个名词。

寄生电容的大小完全取决于穿越有源区的栅面积（栅长乘以栅宽，称为**栅区**）。因为不能改变栅长和栅宽，所以无法改变寄生电容，看来是处理不了这个电容了。

但是，可以设法在不改变栅区大小的情况下减小寄生电阻。我们会对电路设计师说：“当你设计这个细长晶体管的时候，你同时引入了很大的寄生参数，为什么不把这个晶体管分裂成许多小的晶体管以减小寄生电阻呢？”

你可以对电路设计师说：“对于图 3-7 所示的单个晶体管：

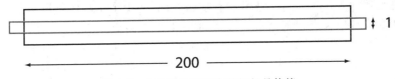

图 3-7　电路设计师提交的细长晶体管

为什么不把它做成四个 $50\mu m$ 宽的晶体管并且把它们并联起来呢?如图 3-8 所示,这样安排的结构还是具有同样的栅宽: $4\times50=200\mu m$。"

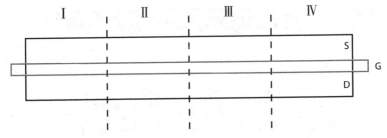

图 3-8　分裂长的器件,在每段内,源、栅、漏保持完整

如果连接正确就可以认为四个独立的晶体管与一个单个晶体管等效,每个晶体管的相同端必须被连接在一起。这样,有效栅宽没有改变,但寄生电阻减小了。

每个独立的晶体管的栅宽只有原先晶体管的 $\frac{1}{4}$,这意味着每个栅的寄生电阻也只有原先晶体管的 $\frac{1}{4}$,如图 3-9 所示。

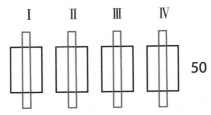

图 3-9　将一个细长的晶体管分裂为四个较小的晶体管以减小电阻

此外,因为四个栅并联,按照基本电阻方程,四个相等的电阻并联其结果等于原先电阻的 $\frac{1}{4}$。这样的分裂所产生的总效果是寄生电阻只有原先细长电阻的 $\frac{1}{16}$。

寄生电阻的减小使得 RC 时间常数也被减小。晶体管现在可以更有效地工作了。这个技术没有限制,分裂多少个小晶体管取决于器件的尺寸以及其他的因素,可以将晶体管分裂为更多的小段。

总之,通过分裂细长的晶体管成为四个较小的晶体管,在不改变有效栅宽的情况下,实实在在地减小了寄生电阻值。因为栅覆盖不能改变,所以原有的寄生电容仍然存在。但是,有改善总比没有改善强。如果什么时候谁能想出一种在不改变规范的情况下减小电容的方法,本章就会有另一节了。

3.4　源漏区共用

图 3-10 给出了细长晶体管的详细构造,对应源、漏、栅采用 A、B、C 标注(源、漏可互换)。

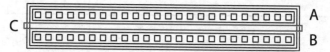

图 3-10　由 CAD 工具所绘制的细长晶体管,A、B 为源漏区,C 为栅区

在将器件分裂成四个较小的器件后,对每个独立的晶体管仍采用 A、B、C 表示源、漏、栅,如图 3-11 所示。

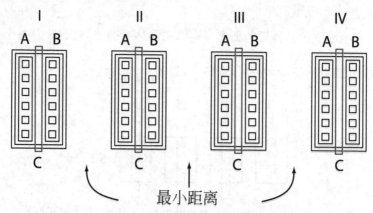

图 3-11　四个晶体管边到边以最小的距离间隔放置

现在需要将所有 A 点连接在一起,所有 B 点连接在一起,所有 C 点连接在一起构成一个完整的器件。

连接结构如图 3-12 所示。

因为芯片的面积直接关系到成本,芯片面积越小,成本越低,获利越多,所以,每个人都希望能够节省尽可能多的空间。一般而言,应该尽可能地使版图紧凑,这使你在一个单片上得到更多的晶体管。

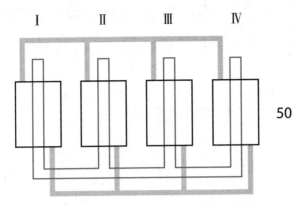

图 3-12　连接四个晶体管,所有源相连,在上部引出(灰色);
所有漏相连,在下部引出(灰);所有栅相连,在下部引出(蓝)

　　上面所做的对四个晶体管的连接本身是完全合乎规定的,因为最小间隔规则迫使各晶体管分开,不同的端点之间必须间隔一个最小的距离,但这样的连接方式浪费了大量的空间。

　　比较聪明的办法是利用源和漏可互换的原理,将器件左右翻转(还是相同器件)。然后仔细地进行连接。

　　对四个晶体管中的第二个和第四个晶体管进行左右翻转,这时,四个晶体管的源漏以 A-B-B-A-A-B-B-A 排列,如图 3-13 所示。

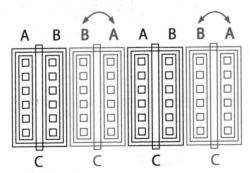

图 3-13　可以对晶体管进行翻转,这里翻转了两个晶体管

　　现在,两个 B 点是彼此相对的,两个 A 点也是彼此相对的,器件连接更容易了,并且可以使两个晶体管之间更加靠近,如图 3-14 所示。

　　我们最终的要求是**源-漏共用**。我们可以选择将第一、二个晶体管原先独立的源漏区合并,这个合并的区域既可以是一个晶体管的源,同时也可以是另一个晶体管的漏,它们都是原先标注 B 的区域。

　　继续进行这样的合并,直到所有的晶体管之间端点组接成对。这样,我们不仅消除了晶体管之间的空间,而且,通过合并器件的相关部分使空间更节省,如图 3-15 所示。

　　只要是相同的端点,任何两个相邻的晶体管都可以采用源-漏共用技术。

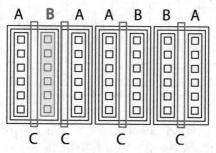

图 3-14　第一、二个相邻的 B 端点被共用

图 3-15　彼此相邻的相同端点全部被合并

试试看

　　如果是被同一根线进行连接,则可以类似源漏共用那样进行共用,如果一个是 A,另一个是 B 则不能。

　　观察图 3-16 给出的电路图。

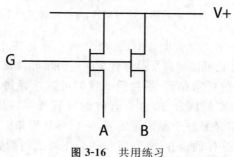

图 3-16　共用练习

你认为哪些可以共用？试着画出版图。

答案

只有一个端点可以共用，这就是 V＋端。因为电路图上 A、B 不相连，所以，它们必须分开。共用前的版图如图 3-17 所示。

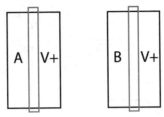

图 3-17　无共用的版图

你不能如图 3-17 所画那样直接进行连接，因为中间是不相同的区域。对右边的晶体管进行翻转，将 V＋点调到中间，这样可以进行连接与共用。版图如图 3-18 所示。

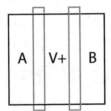

图 3-18　共用后的版图

3.5　器件连接技术

一旦将所有的 A 端、B 端合并到一起，接下来的工作就是进行连线。图 3-19 所示结构是采用并行连接的方法进行连线，所有的 A 端被器件上沉积的金属条连到一起。这里，金属条向下延伸到每个接触孔，然后在图形顶部相连。图中"M"形的金属条用灰色显示。

对于两个 B 端采用相同的技术进行连接，金属条覆盖了 B 端的每个接触孔，在图形的底部相连，图 3-20 中"U"形的金属条也用灰色显示。

栅连接稍稍不同。多晶硅能够在一些特殊场合作为连线使用，如多晶硅条。我们能够将晶体管的栅条延伸出器件有源区，然后用多晶

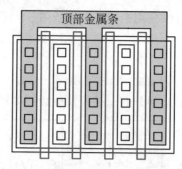

图 3-19 所有 A 端相连,所需连接的源区被用金属条覆盖

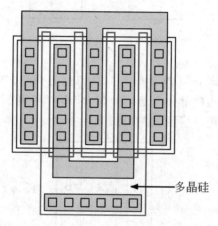

图 3-20 在所有源相连、所有漏相连、所有的栅也相连后,有效栅宽与原细长晶体管相同

硅进行连接。

多晶硅能够作为引线使用。

因为多晶硅的电阻远大于金属,所以会存在一些潜在的危害,在一个稍长的距离上,重要的线电阻就显现出来了,建议仅对非常短的距离采用多晶硅连线。如果你采用的连线在传输电流并有很大的电阻,则有可能因为这个电阻而导致电路功能障碍。明智地使用多晶硅!要考查距离、电流和电阻。在这个例子中,我们也在栅连接线上开出接触孔并覆盖了金属以便进一步地连接。更多地使用金属。

对于原先的 $200\mu m \times 1\mu m$ 的晶体管,图 3-10 和图 3-20 所示的版图在功能上是一致的,但后者的寄生参数更小,工作速度更快,芯片资源利用更有效。版图设计师进行了选择。记住,这是你的创造。

版图设计师的选择。

下面是一些连接四个晶体管的相关方法,各有值得注意的优点。

如果你采用的是设计工具自动生成的晶体管结构,就像上面所示的那样,每个晶体管沿源漏区长度方向将有许多小的方形接触孔。

当然,如果你希望节省更多的面积,可以舍弃一些接触孔并将连线直接跨越器件。

如图 3-21 所示,原先突出的金属收缩到器件内部。我们已有了许多接触孔,你并不一定需要沿着整个沟道宽度方向都开出接触孔。开这么多接触孔的基本想法是减小器件的接触电阻,实际上也许少量的接触孔就足够了,但同时也要注意,如果你舍弃太多的接触孔,接触电阻就可能会高于你的允许值。

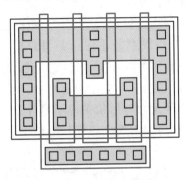

图 3-21　金属向内收缩

试试看

比较版图,你有没有发现两个版图是在构建相同的器件? 你看见我们是如何通过将原先在外部的金属内缩到有源区上来减小面积的方法了吗?

置于器件之上的金属条就是以前在外部的同一个金属条,连接 A 端的金属条还是呈现"M"形,连接 B 端的还是呈现"U"形,带有金属短接条的多晶硅连接着 C 端仍是沿着底部放置。

这里是第三个选择,观察图 3-22,看看有什么不同?

A、B 两端的金属连接线与图 3-21 中的相同,不同之处是用金属线将分开的多晶硅栅条连接起来。这种栅连接的方法是最可靠的。只在栅区使用了多晶硅,而多晶硅栅之间的连接采用金属以确保连接

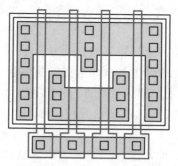

图 3-22　栅分开，以金属连接

可靠，并且信号对每一个栅的传送都是相同的。

　　我们已经根据电路原理图得到了版图的基本单元，采用源漏共用和器件分裂技术减小了寄生参数。这仅仅是减小寄生参数的开始，我们的每一次变化都应努力地确保寄生元件对电路功能的影响最小。

　　源漏共用、器件分裂以及减小寄生是贯穿整个 CMOS 版图设计的基本技术。除了我们刚才的小例子外，你能够将这些技术运用于许多器件设计。注意睁大眼睛，寻找运用的机会。

　　现在已利用优化的尺寸与形状完成了器件设计，但这仅仅是一组器件的自身相连，下面将探索连接器件和电路块为一体的方法。

3.6　紧凑型版图

　　大部分集成电路的设计是采用非常小的、易于控制和易于理解的电路的组合，连接这些小的电路产生一个大的、复杂的电路。

　　■ **经验法则：通过小的、易于理解的功能块构造大的设计。**

　　这样的电路设计方法使版图设计更容易。刚开始就试着连接1200 万个晶体管构造电路，还不如先尝试连接十二个晶体管，然后一步步解决大的设计问题。

　　设计目标是使版图紧凑，就像尽可能利用器件分裂一样，在设计器件时应尽可能利用矩形，这是实现目标的一部分。众多的矩形版图之间的协调比非规则版图结构更容易。

　　例如，图 3-23 所示的版图，有一个大的器件在两边伸出。如果采用这样的晶体管结构，则会浪费空间。想象一下，数十个这样的电路单元拼接在一起而不浪费一点空间,可能吗? 几乎是不可能的。

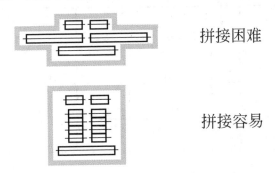

图 3-23　为便于拼接,应将器件设置成矩形

如果通过器件分裂方法重新构造形状,将中间的两个器件分裂成两组四个器件并联的形式,则你得到了更好的结构,更有利于将众多的晶体管紧凑地聚集在一起。

■ **经验法则**: **尽量将器件设置成矩形**。

如果不得不将版图设计成不规则形状的时候,那你应该考查与这个器件有关联的其他电路单元,如果可能,可以将这个电路中的器件以某种方法放置,使组合两部分得到的形状是矩形。

3.7　棒状图

怎样才能够容易地从电路图得到最有效的源漏共用版图呢? 一个有用的工具是**棒状图**。棒状图非常简单地表示了器件以及它们的连接,它是介于电路图和最终版图之间的中间形式。

完成的棒状图将告诉你器件的布局和连接关系,之后的工作就是用实际的器件和连线替代棒状图。

以我们常见的倒相器电路为例,如图 3-24 所示。

因为 P 型器件必须放置在 N 阱里,而这些器件通常又会以某种方式连接到某一点,因此,我们可以理解为什么在 CMOS 版图设计时通常将所有的 P 型器件放在一个共用的 N 阱里。因为设计规则规定的 N 阱与 N 阱间距远大于晶体管与晶体管之间的间距。同时,采用共用 N 阱技术还可以减小电路的面积。类似地,N 型器件也被放置在一块共用的区域里,这区域或者是 P 阱,或者是 P 型衬底。

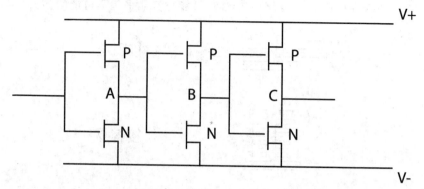

图 3-24　示例电路,上面是 P 管,下面是 N 管

　　因为采用共用区域,因此,所有的 P 型器件通常是紧挨在一起,所有的 N 型器件也是紧挨在一起的。顺理成章地,我们可以用一条水平的棒状图形来表示 P 型扩散区并使其位于图的顶部,以另一条水平的棒状图形表示 N 型扩散区并使其位于图的底部。在棒状图中,多晶硅、扩散区以及连线都可以用一条简单的线来表示,当一条多晶硅与一个扩散区交叉的时候就表示了一个晶体管。因为所有的结构都以棒表示,所以,这样的图被称为棒状图,如图 3-25 所示。

图 3-25　以棒状图形表示扩散区。P 型器件通常被放置在顶部,N 型器件通常被放置在底部

　　幸运的是,大部分的原理图都将 P 型器件画在上面,N 型器件画在下面。这样,器件的布局工作已由电路设计师完成了,我们可以直接构造棒状图。如果在原理图里的连线都是一些短线,则我们的版图也可采用类似的布局方式。

　　器件的多晶硅栅以跨越扩散区的竖直线表示,在每一个多晶硅与扩散区的交叉处就形成了一个晶体管(多晶硅栅在扩散区的上面,理解吗?),如图 3-26 所示。

　　最后,通过线段连接各个器件端头实现布线,器件的连接接触点可以在任何你需要的位置,以一些小的"×"来表示连接点的位置。

　　现在,来实现源漏共用设计。假设,我们的晶体管有两个端点 A 和 V+,将它们在左边第一个栅的两边分别标注,如图 3-27 所示。

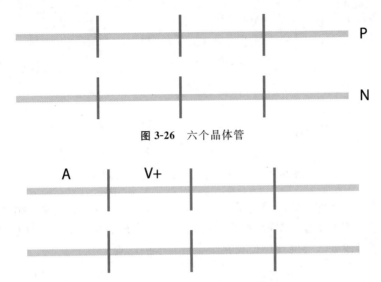

图 3-26　六个晶体管

图 3-27　试着开始确定端点的位置

接下来是对其他的晶体管及它们的端点进行处理。或许,你的初步设计非常好,或许很糟糕,根本就不能实现源漏共用。

由图 3-28 所示的棒状图已说明了设计并不理想。为了构造晶体管的版图,我们不得不将扩散区**拆**成几段。这里以两条平行的竖线表示扩散区断开点的位置。这种断开结构迫使我们在不同器件的扩散区之间要留有一定的距离。但是,当源漏不能共用时,这种断开则是必须的。每一次的拆断都导致晶体管被分开并因此产生面积的浪费,理想的设计是不拆断扩散区。

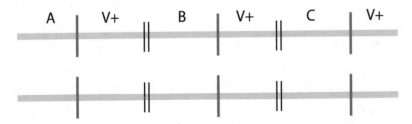

图 3-28　在扩散区上有两处需要断开,这不是一个好的设计

必须设法减小版图的面积。我们观察器件的布局看是否能够利用源漏共用去除一些断开点。试着连接 V+ 端。

调整与源漏共用相关的端点顺序,重画棒状图如图 3-29 所示。

无论你怎样翻转器件都没有更好的源漏共用了,这个棒状图是我

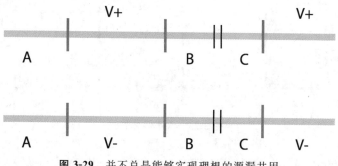

图 3-29 并不总是能够实现理想的源漏共用

们能够实现的最好的结构了。在大的电路设计中,这样的源漏共用尝试经常需要反复许多次,直到确信不能够进一步简化了为止。你也可以通过改变器件的顺序位置来得到最紧凑的结果。

> 作为年轻人,Chris 惯于解决错综复杂的布线难题。当我遇到这样的难题时,我不希望他在我身边,他会情不自禁地来帮我解决它。这些问题对他来说驾轻就熟,当我还未弄清楚时,他只要稍事观察,就知道如何解决。——Judy
>
> 这说明需要大量的实践。现在,当电路设计师给我一个电路的时候,我甚至可以不用棒状图就能够勾画出版图的结构。实践是关键。大量的实践将有助于你对设计的理解,实践会告诉你答案。——Chris

在上面的初步设计中,我的目的是得到一个成功的结果。但设计是不理想的,没有源漏共用,还有两处扩散区被断开。我迅速做了调整并对V+端点实现了源漏共用。你必须寻找一个开端,虽然,你可能知道它并不是最好的结构,但它使你向最好的设计进发。

一旦完成了源漏共用,你就有了初始布局,就能够连接其他的端子。在数字电路中,一个 P 型晶体管与一个 N 型晶体管对应是非常典型的形式,它们保持着成对的结构,并且栅采用短的多晶连接。

■ **经验法则:P 型、N 型晶体管对的图形彼此靠近。**

当你将所有的连接完成后,你就有了设计的模板,如图 3-30 所示。

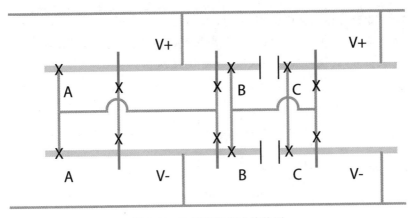

图 3-30　连接器件完成棒状图

在这个例子中,我们还可以进一步地改善设计。注意最后的一对晶体管(即连接 C 点的器件),将它们进行翻转可以去除一个线的交叉。图 3-31 所示的是最终的棒状图。

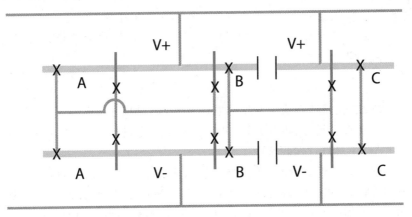

图 3-31　棒状图是优化设计的快捷方法

由器件 B 构造的倒相器和由器件 C 构造的倒相器之间的连接,由于最后的那个器件翻转而变得简单。即使在已完成了优化的源漏共用版图设计后,你仍然可以重新排列器件实现更好的连接。

你教新雇员们画棒状图吗? —Judy

不。大多数人已经熟悉这种方法了,但有时也会有一些同事虽然从事版图设计职业,但对棒状图并不熟悉,在他们需要时我会教他们。

你使用棒状图吗？

是的，除了不得不将电路和棒状图画出来时，我平时基本不用。就我而言，我使用混合棒状图，如图 3-32 所示。

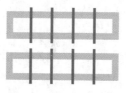

图 3-32　混合棒状图

所谓混合棒状图，是指采用扩散区的矩形图代替棒图，它给我更多器件的感觉，它更接近于真实版图。

棒状图是一种有用的技术，但对于简单的电路，我觉得有点麻烦，当你已很熟悉版图设计后，并不是每一个设计都必须使用棒状图。当然，对于初学者，还是需要知道如何使用棒状图。

不过，我也见过某些有了 20 年设计经验的人仍按部就班地使用棒状图。

现在，我们已知道了基本棒状图的画法，借助于 SPICE 模拟器也得到了器件的尺寸，也就是说，我们已有了一个设计基础，现在可以使用 CAD 工具设计实际版图了。

在开始连线、做棒状图以及进行版图平面布局之前，你应该告诉电路设计师："这里的器件是电路图中那个对应器件，你同意吗？你同意这些器件彼此相关布局吗？现在，你已看到与电路图对应的器件布局了，你是否有修改意见？如没有，我要结束布局进行布线了。"

他们可能会说："我们是否可以进行某些结构的重新排列改变特殊器件的尺寸，从而使面积更小一些呢？"

或者说："我没想到这个器件会这样大，它们不需要这样大，可以改小一点。"

又或者说："如果将这个器件右移 $20\mu m$ 就可以去掉这儿的这些电阻，并且可以使整个图形成为矩形。"

对电路设计师反馈信息总是有价值的，哪怕是仅仅给了你一点感觉：是的，我是对的，我的方向是对的。

　　我强烈地建议版图设计师们不要闭门造车,可以从电路设计师那儿求得帮助,不要盲目地认为你是对的。如果没有得到电路设计师的认可,你就有可能是在做无用功。如果某天你已从电路设计师那儿学会了很多东西,你的版图设计就将成熟了。

■ 经验法则：从开始就保持与电路设计师的**联系**。

3.8　阱连接和衬底连接

　　我们可能认为只要打开 CAD 工具就可以对器件进行连接了,实际上不行! 让我们在提交一个图形进行设计之前先考虑几个关键性的问题。

　　首先来看一个器件的截面图,如图 3-33 所示。

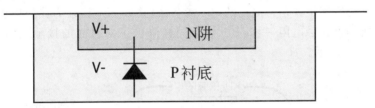

图 3-33　阱和衬底 PN 结是二极管,当出现不希望的正向偏压时将导致严重的后果

　　在图 3-33 中有一个位于 P 型衬底上的 N 阱,这个 N 阱和 P 衬底形成一个 PN 结。请注意,这是一个二极管。如果 N 阱上的电压下降,P 衬底上的电压上升,就有可能使二极管被正偏。必须确保这个二极管不会被正偏! 避免出现二极管正偏的可靠方法是设法使二极管总是反偏。

　　最简单的方法是将 N 阱接最正的电源,P 衬底接最负的电源。这种连接被称为**阱连接**和**衬底连接**。

　　图 3-34 是一个 PMOS 器件,在器件的两边各有一个阱连接区(阱接触区),阱连接区是 N 阱内部的 N＋掺杂区,N＋掺杂降低了接触电阻。由于在厚氧化层上开出了 N＋掺杂窗口,使得其上的接触孔容易刻蚀,最后通过沉积金属形成接触。

　　设置的阱连接越好,发生 PN 二极管正偏的可能性越小。

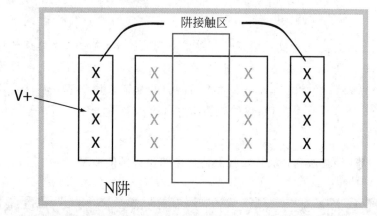

图 3-34 阱连接区位于器件的两边,由 N+制成,接到 V+

■ **经验法则: 尽可能多地设置阱连接区。**

越多越好。

衬底连接区是衬底上的 P+掺杂区,正如 N+掺杂为我们提供了 N 阱的低接触电阻一样,P+掺杂同样降低了对衬底的接触电阻,如图 3-35 所示。

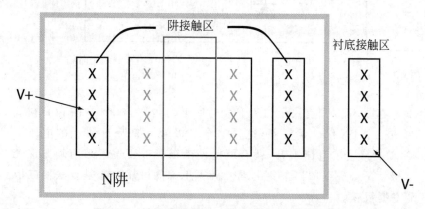

图 3-35 衬底连接到 V-,位于图上 N 阱外右侧

在 CMOS 版图中,通常会看到阱连接区完全覆盖阱的情况。

■ **经验法则: 在 N 阱中只要有空间就放上阱连接区,同样地,在衬底上只要有空间就应该设计衬底连接区。**

所有这些工作都是为了阻止阱和衬底之间的寄生二极管出现正

向导通的情况。请记住,如果这个二极管导通,它就可能成为潜在的
芯片损坏因素,会出现闩锁效应(这里只是给出了一个名称,在其他的
相关书籍内,有关于衬底闩锁以及消除闩锁的更多介绍。这本书侧重
于版图基础,在其他书里介绍了版图相关技术,如闩锁效应、平面布
局、设计工具、校验以及其他必需的高级知识)。

　　对于衬底连接和阱连接有一些规则。这些规则将说明每隔多大距
离必须设置一个阱连接区,阱连接区距晶体管应该有多近。有些规则还
会说明衬底连接的频度是多少,不仅会说明连接区距 N 型晶体管的距
离规定,还会说明与其他晶体管的位置关系。例如,"每 $50\mu m$ 至少有一
个 N 阱连接点",这些设计规则可用于 CAD 工具对设计进行检查。

3.8.1　阱连接布局

　　现在考查阱连接的一些布局形式。

　　在细长阱的情况下,阱连接可能只能位于细长阱的边界之处,如
图 3-36 的情况。

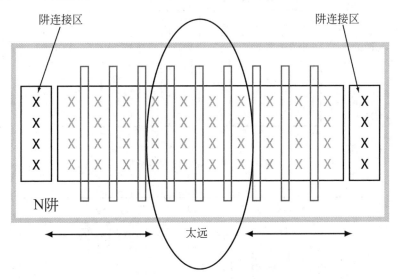

图 3-36　某些晶体管距离阱连接区太远,在中心部位的 PN 结是危险的,
可能会出问题

　　当进行设计规则检查的时候,你可能会发现在阱中心部位的晶体
管距离阱连接区太远了。如果出现这样的情况,就必须分割器件并且
在中心处插入一个阱连接区,如图 3-37 所示。请注意,N 阱掺杂区是
有电阻的,该电阻将产生压降并有可能导致 PN 二极管导通。

　　可供选择的方法是增加器件顶部尺寸并在那儿放上阱连接区,如图 3-38 所示。

　　也可以采用围绕着阱的环状阱连接结构,如图 3-39 所示。

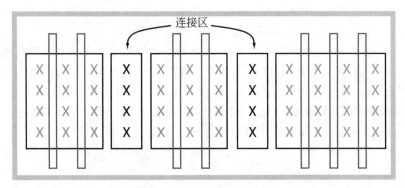

图 3-37 在中间设置连接区

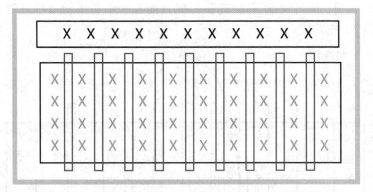

图 3-38 沿着顶部设置连接区

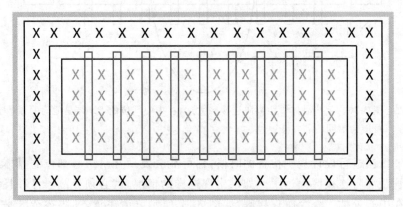

图 3-39 环器件四周设置连接区

如果你采用先布线后设置阱连接区,则这些规则可能会使你很麻烦,因此,在进行真正的布线之前必须设置好阱连接和衬底连接,这样几乎可以保证所有的设计都没问题。

■ **经验法则**:在做任何布线之前先设置阱连接和衬底连接。

甚至可以在开始布线之前运行设计规则检查以确保阱连接和衬底连接都是正确的,布线应该是最后做的事情。

上述的所有方法同样适用于衬底连接。

3.9 天线效应

CMOS 晶体管的栅非常脆弱并且容易损坏,对于如何连接器件的栅要格外小心。在晶圆加工中很可能会引入潜在的问题到电路里,并因此损坏芯片。

在版图设计期间就应该考虑几个工艺加工的问题。其中之一是所谓的**天线效应**。天线效应发生在多晶硅栅的刻蚀过程中,多晶硅栅的刻蚀采用反应离子刻蚀 RIE(前面曾经介绍过)。

图 3-40 显示的是准备刻蚀栅图形的 RIE 反应室的情况。

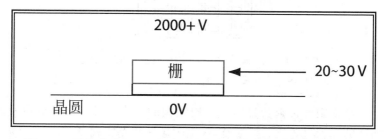

图 3-40 可以看到在 RIE 反应室中实际电压的情况,我们并不希望在那儿有这样的电压

加在 RIE 反应室上的电压有 2000 多伏,反应室的基座为零电位。因为晶圆背面与 RIE 反应室的基座相接触,因此,晶圆衬底处于零电位。这样,就有 2000 多伏的电压加在位于中间的器件栅上。随着多晶硅被刻蚀,在留下的多晶硅栅上就会积累电荷,如果多晶硅体积比较大,则积累的电荷是十分可观的,这些电荷产生相应的电压。

如果作为晶体管栅的多晶硅上加了太大的电压,则栅氧化层将被损坏并导致晶体管失效。

　　如果将一个具有许多梳状栅条（例如，500 个栅条）的大晶体管的所有栅条用多晶硅连接起来，则形成了一个体积很大的多晶硅块，这不是你希望的吧？如果将栅条分成一些较小的块，则减小了每小块上产生的电压，这些较小的电压或许不至于损坏器件，这样就更安全一些。因此，相比于用多晶硅连接所有的栅，采用金属将分开的栅条连接起来是一种更安全、更有效和更可靠的栅连接方法。

　　图 3-41 给出了四个晶体管，每个栅在端头处都是带有一个接触孔的多晶硅块，所有的四个栅最后将用金属连接起来。

图 3-41　四个栅在中心处集合，这些小的多晶硅延伸区被一大块金属所连接

　　设计规则通常都会说明单个栅结构的最大尺寸。天线效应直接与栅区的面积呈正比。请注意，这里的栅面积是指栅条与有源区重叠的部分。如果栅面积太大就必须把它拆开。

将大面积的多晶硅分割成较小面积的多晶硅可以保护处于刻蚀中的多晶硅。

　　第二个工艺问题与天线效应非常类似，只不过需要改变的是金属连接电路的方式。我们同样采用 RIE 刻蚀第一层金属。类似于刻蚀多晶硅所产生的电压，在金属 1 被刻蚀的过程中也会产生电压，而CMOS 的栅是与第一层金属相连接的，因此，在金属 1 上产生的电压将会传导到晶体管的栅上，要保护晶体管就必须把电压减到最小。

反偏 PN 结可以提供保护。在第 1 章中曾经讨论过 PN 结,如果反偏电压足够大,达到击穿电压时,器件开始传导电流。这个反向击穿电压远高于正常工作时的电压,但对于保护晶体管的栅是足够低了。在衬底上制作一个小二极管并与连接晶体管栅的金属相接,这个小二极管将限制所产生的电压幅度。我们称该二极管为**栅钳位二极管**或 **NAC(Net Area Check)二极管**,这在当今的 CMOS 工艺中是非常普遍的结构,如图 3-42 所示。

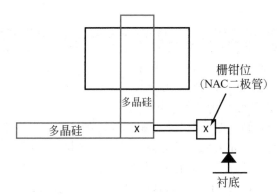

图 3-42 钳位二极管对任何有害的电压形成对衬底的通路

栅钳位在金属 1 被刻蚀时提供对多晶硅的保护。

并不是所有的栅都需要栅钳位二极管来保护,如果一个栅用金属 1 直接连接到另一个器件的源漏区,则那个器件源漏对衬底的二极管起到钳位的作用。典型的例子是一个倒相器的输出连接另一个倒相器的输入。第一个倒相器的栅需要钳位,因为除了两个晶体管的栅是连接在一起的之外,它们并未连接其他任何东西,在加工中它们是浮置的。第二个倒相器的输入是直接以金属 1 连接到第一个倒相器的输出,因此,自动地形成了钳位。

试试看

为什么在刻蚀多晶硅时不采用钳位来形成对多晶硅的保护?
在阅读答案前先想一想为什么。

答案

不可以。相对于刻蚀金属可以通过钳位二极管去保护它,而对于刻蚀多晶硅自身,除了采用分裂多晶硅成较小尺寸外没有其他方法去保护。多晶硅不能被接地,因为在刻蚀工艺中需有电场存在,接地将使加工完全失败。

我们有了原理图,构建了棒状图,考虑了阱连接和衬底连接的位置,也知道了通过钳位保护栅避免天线效应。终于,可以将我们所学的内容融合在一起并开始版图设计了。

3.10 多晶硅引线

正如在前面所提到的,可以采用多晶硅进行布线。但是,当采用多晶硅作为内连线的时候要小心谨慎,用多晶硅连接栅是一种可靠的选择,但必须注意服从天线效应规则。

在大部分时间中栅仅仅是保持电压,只在对寄生栅电容充放电时栅才会汲取电流。如果采用长的多晶硅连线连接各个栅,就会形成相应的电阻。正如细长晶体管有大的寄生电阻一样,多晶硅内连线也有大的电阻。这样,栅的 RC 时间常数将会更大,电路的运行速度将达不到我们的要求。

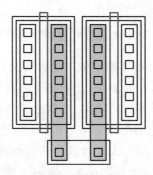

图 3-43 可以用多晶硅去连接源漏的金属引线吗?

有时,电路是如此复杂以至不能单独用金属进行布线,这时,可以采用多晶硅作为地道以使信号线结构紧凑。如果需要采用多晶硅地道,我们就必须对连接十分了解,知道这个连接是做什么的,通常情况下,要求多晶硅地道尽可能短,这样,额外的电阻不会对电路产生影响。

我们可以尝试用多晶硅来连接金属的源漏引线吗?

在图 3-43 中已将两个器件的源漏通过金属引线连接到器件的外部,然后,不是继续采用金属进行连接,而是采用多晶硅将两个器件的源漏引线再连接起来,也就是说,使用了多晶硅做内连线。因为有电流将流过这段内连线,因此采用金属连接源漏将更好,用多晶硅不是一个好的布线方案,如图 3-44 所示。

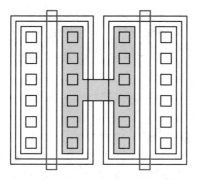

图 3-44　由于存在电流,应以金属进行连接

更好的方法是源漏共用,如图 3-45 所示。

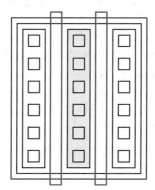

图 3-45　源漏共用,不需要内连

■ 经验法则:如果需要分配电压时(如开关某些器件),可以利用多晶硅,如果需要分配电流,则采用金属。

可以采用多晶硅作为内连线,但通常仅限于连接栅,因为栅上电流较小。

3.11　图形关系

对于读者而言,现在可以根据一个电路图完成一个棒状图吗? 如果电路连接非常容易,可以完成版图设计吗? 作为新手,对我们所采用的各种画图方式是否有一点混淆不清了?

　　在尝试着自己完成版图之前,先回顾一下这些不同图之间的变化过程。根据它们的彼此关系去思考,下面的几个示例可能对你有所帮助。我们来考查 FET 的各个视图。

　　如前所述,有源区是氧化层上的一个窗口,这个窗口定义了制作晶体管的区域。在这里有源区是矩形,这一个窗口就是整个有源区,如图 3-46 所示。

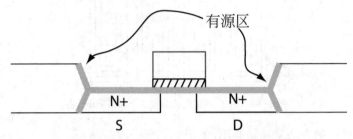

图 3-46　由氧化层上窗口所确定的有源区

　　图 3-47 给出的所有分图都表示了同一个晶体管,必须了解它们之间的变化关系。在四个分图表示中,蓝色表示的区域为有源区,然后,就可以在每个图形中找到其他的区域和连接。各分图彼此的关系怎样呢?

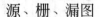

源、栅、漏图

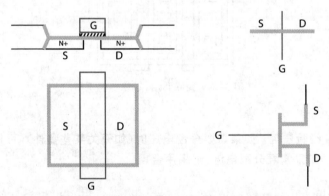

图 3-47　比较四个分图,每个分图是同一个 FET 的不同表示,从左上角开始依顺时针方向分别为:截面图、棒状图、原理图以及版图的顶视图

试试看

　　除非不得已,不要看示例,自己重画器件图形,不断地实践直到可以很容易地画出所有的图,知道什么线代表什么。你一旦掌握了FET,就可以试着画更复杂的图形。

结束语

就此书而言,本章阐述了 CMOS 版图的所有基本技术。尽管从这本书中还不能完全掌握 CMOS 版图,但你已入门。

关键是实践、实践、再实践。

本章学过的内容

在本章中,你看到了以下内容:

- 模型、计算机模拟的原理图与参数规范
- 确定器件尺寸
- 通过分裂器件减小寄生电阻
- 更好的适用的技术
- 作为设计工具的棒状图
- 借助钳位与连接释放电压
- 避免固有的衬底二极管正偏
- 原理图、棒状图和器件之间的关系
- 源漏共用

……

应用练习

根据图 3-48~图 3-50 所给出的电路图,对每个图完成棒状图,对 2♯ 和 3♯ 画出版图。

1.

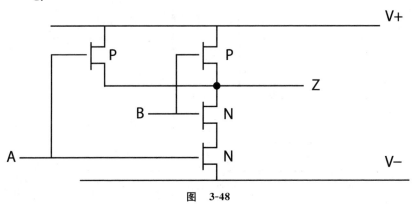

图　3-48

2.

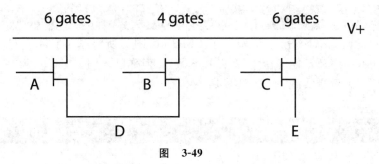

图 3-49

3.

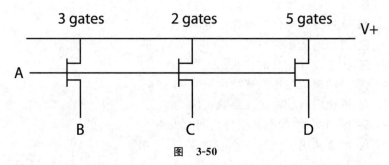

图 3-50

答案

实际上有多种可能的设计,这里对每一个图只给出一个可能的答案。

1. 1♯图的可能的棒状图,如图 3-51 所示。

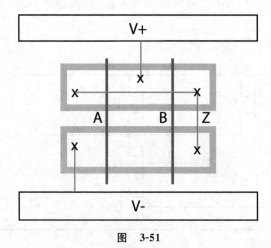

图 3-51

2. 2#图的可能的棒状图,如图 3-52 所示。

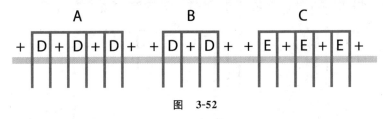

图　3-52

2#图的可能的版图,如图 3-53 所示。

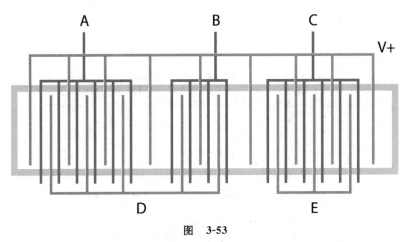

图　3-53

3. 3#图的可能的棒状图,如图 3-54 所示。该图中有两个扩散区的断开点,这不是最好的版图,只是初步的尝试。

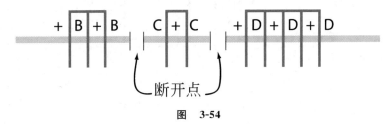

图　3-54

根据上面的初始棒状图得到的版图,如图 3-55 所示,注意扩散区是断开的。

图 3-56 是 3#图更好的棒状图,这或许是思考的结果。注意这里完全实现了源漏共用,没有断开的扩散区,是一个更好的布局。

图 3-57 是对应改善后的棒状图的版图。注意,与前面的设计相比,这个图更紧凑了。

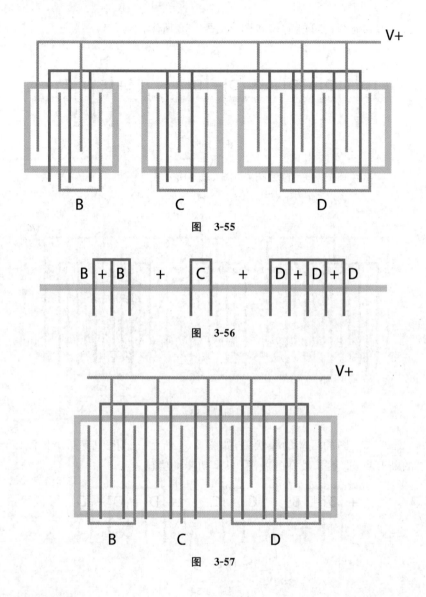

图 3-55

图 3-56

图 3-57

其他考虑

上面给了一些非常不同的实际单元,目的是让你去思考有哪些变化。在版图设计课程里的介绍通常是集中在相同类型的简单单元方面。

注意我所给例子中的不同,学会从不同方面学习,搜寻更独特的版图去研究。

还是我前面说的:实践、实践、再实践。

第 4 章

电　　阻

4.1　内容提要

在本章中,你将看到以下内容:

- 在电阻公式中每个变量的意义是什么,它为什么会出现在公式中。
- 电阻计算单位的重要意义以及为什么采用这样的计算单位。
- 电阻是如何制造的,我们为什么需要知道这些。
- 怎样构造电阻以补偿制造误差。
- 电阻设计的几种方案。
- 电阻设计的经验方法。
- 满足特殊需要的电阻。
- 在设计版图之前为什么需要做一些检查,怎样做。
- 自己尝试独自实践的过程。

……

4.2　引言

对错综复杂的电阻版图的理解将有助于发现错误、改善 CAD 工具,并且可以帮助你去阅读不熟悉的版图。这让你少走弯路,例如构造一个二极管与电阻的串联结构,就不用进行单独的二极管和单独的晶体管设计。你能够在版图中修改电路元件,去获得可以实现所需目标的新结构。

如果你希望进入诸如编写规则文件或参数提取文件这样的高级领域,就必须了解电阻是如何构建的。例如,如果尝试撰写从版图提取一个特殊电阻器的规则的文件,你就必须知道各个图形块的特殊含义,例如,当我发现一个与多晶硅相关的 P 区、P＋区和有源区,我就知道这是一个 FET。

我同时也立刻知道这不是我要的电阻,可以排除,如果发现一个与有源区无关的多晶硅,可以知道它是电阻。

许多人采用自动生成的元件。但是,如果为了建立与调试一个新的工艺线,你就可能必须设计电阻版图了。例如,可能有人会对你说:"设置一串扩散电阻。"没有规则! 也没有人曾经做过! 你不得不搞清楚用哪些层材料,怎么用以及放在哪儿。

> 如果你希望成为一个用十万股权开创公司,并且在五年内成为百万富翁的话,你就必须了解这个信息,循规蹈矩的版图设计师是做不到的。

4.3　电阻概述

自然界有两种类型的材料——导体和绝缘体。导体具有允许电流通过它流动的能力,绝缘体则不允许电流通过它流动。

在极端的条件下,绝缘体会被击穿而使得电流可以通过,但是,这通常会产生灾难性的后果。

导体有良导体和不良导体之分。材料传导电流的强弱用材料**电阻值**来描述。某些导体具有很高的电阻值,使得在许多实际应用中可以看作为绝缘体。

每种材料都有一定的电阻范围,下面是一些例子:

■ 金属具有低电阻——优良导体,非常差的绝缘性能;

■ 空气具有大电阻——不良导体,中等绝缘体;

■ 皮肤具有一定的电阻——中等导体,差的绝缘体。

同样地,在集成电路(IC)中,芯片上的每层材料都有给定的电阻值,如同自然界的物质一样,某些电阻值低,某些电阻值高。

对于给定的芯片设计项目,问题就变成"怎样利用芯片上所采用的半导体材料制作所需的电阻。"

利用芯片上所采用的材料制作所需电阻元件的关键是学会控制电阻值,要控制阻值就必须掌握计算电阻值和测量电阻值的方法。下一节将说明如何测量电阻值。

4.4　电阻的测量

　　一旦学会了计算电阻值,你就能够更好地理解和控制电路,在芯片制作之前就修正错误。这就是为什么有些版图设计师的设计往往一次成功的主要原因。这是一个有价值的工具。下面首先介绍一些有关测量的基本概念。

4.4.1　宽度和长度

　　先来看一个计算电阻值的最容易的方法。

　　集成电路(IC)中包含了许多类型的材料,如多晶硅、氧化层以及和 CMOS 晶体管有关的各种扩散层、金属层等。常用的电阻材料是**多晶硅**,即 poly,在这本书中将经常以多晶硅作为例子。通常情况下,芯片上的所有材料,包括多晶硅,都被制作成薄层的形式。

　　如图 4-1 所示,假设有一电流流过多晶硅薄层。如果薄层较厚,则会有较多的空间让电流流过,因此,较厚的多晶硅有较低的电阻值。

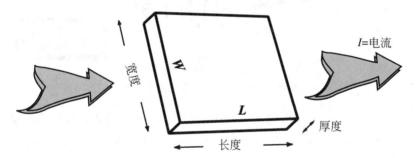

图 4-1　多晶硅薄层,请记住本书中的习惯表示:宽度沿竖直方向,长度沿水平方向,电流自左向右流动

　　如果薄层非常薄,因为允许电流通过材料的空间较小,它传导电流的能力就较小,所以,较薄的薄层具有较大的电阻值。其他因素,如材料的类型、长度、宽度等也将改变电阻值。

　　这些电阻值正是我们需要测量的,为了制作和精确控制电路中电阻,我们需要记下这些电阻范围的精确数值。

　　对于一个给定的集成电路工艺,可以认为薄膜厚度是常数,它是我们不能要求改变的参数之一。因此,对一个给定的材料,我们能够改变的只有宽度和长度。

我们能够改变的只有宽度和长度。

我们只能根据这两个尺寸计算电阻值,在下一节将说明如何计算。

4.4.2 方块的概念

现在,我们以多晶硅来制作一个电阻器。为便于说明,这里采用正方形电阻,即宽度与长度精确相等。

如果施加一个电流通过这个正方形的多晶硅并且测量左右两边的电压,就可以计算出一定的电阻值。假设,我们已测量了这个正方形电阻材料,为了便于讨论,假设电阻值是200Ω,如图 4-2 所示。

图 4-2 测量一个正方形的电阻材料

现在,将两个这样的正方形连接起来,每一个是 200Ω,则总电阻值是 400Ω 加上来自于金属连线的电阻,如图 4-3 所示。

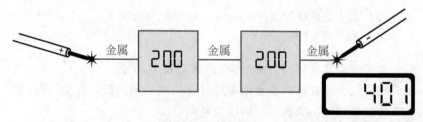

图 4-3 将串联的电阻阻值相加,不要忘了还有附加的连线电阻

请留意,连接正方形电阻的金属连线的阻值是多少? 所有材料都有电阻,因此,自始至终这些连线电阻都可能对总电阻值产生影响。

如果将两个这样的正方形电阻直接连接到一起形成一个电阻,这样将会去掉一些连线。根据基本电学定律,两个欧姆值相加得到这对电阻的总值为 400Ω,不再存在线电阻影响我们的精度,如图 4-4 所示。

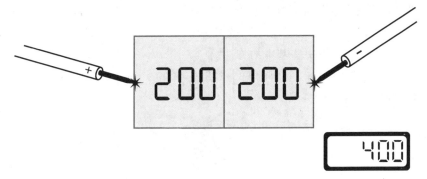

图 4-4　没有了线电阻,可以更好地控制电阻值

　　如果我们将四个这样的正方形连接成图 4-5 所示的图形,每个正方形还是原来的值,即 200Ω,会怎样呢?

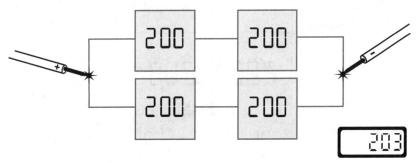

图 4-5　计算四个 200Ω 的电阻串并联后的电阻值

　　图 4-5 的计算留待将来进行。正如前面将两个电阻连到一起一样,为什么不将上面的两个电阻和下面的两个电阻也直接连在一起呢(如图 4-6 所示)?

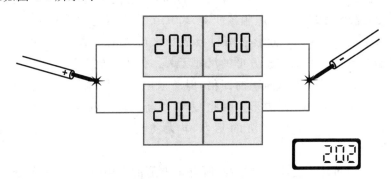

图 4-6　直接连接电阻消除额外的连线电阻

事实上,如果我们以这样的串联方式连接它们,为什么不将它们再并联起来,即将四个电阻直接连接在一起呢? 当这样做的时候,多余的线和空间被去除了,如图 4-7 所示。

现在,请记下一些基本的方法。

$200+200=400$(上面的两个),$200+200=400$(下面的两个),等效为两个 400Ω 的并联。

按照并联理论:

$$\frac{1}{r}=\frac{1}{r_1}+\frac{1}{r_2}+\cdots \qquad (\Omega)$$

(参见前面章节的公式。)

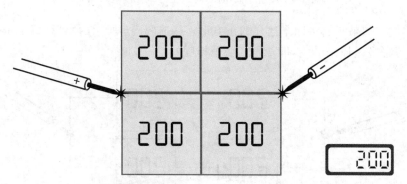

图 4-7　串并四个电阻仍成为一个正方形,注意,总电阻值与每个小的正方形相同

该方程有一个特殊的情况,即 r_1 和 r_2 正好相等,在这儿各为 400Ω,总电阻正好是 200Ω。当两个同样的电阻并联的时候,它正好等于原阻值的一半。利用方程进行计算也证明这一点。

因此,对于四个 200Ω 的正方形材料,将它们排列成一个大的正方形,这个大正方形的电阻值仍是 200Ω。就像变魔术一样,一直这样做下去,由小的正方形逐渐拼接成越来越大的正方形,但其总阻值始终是 200Ω,而与正方形的尺寸无关。你可以试着算算。

虽然面积已是原面积的四倍,但总电阻仍是原来正方形的电阻值,200Ω,并且还是正方形。因此,人们逐渐以**每方欧姆**来度量电阻。(以希腊字母 Ω 和方块的形状作为符号,每方 200Ω,记作为 $200\Omega/\square$。)

对相同的工艺,同一材料的所有正方形的电阻都具有相同值,我们只要计算方数即可。

每方欧姆是 IC 中电阻的基本单位。

每方欧姆数值也被称为材料的**薄层电阻**,稍后将对此进行更详细的讨论,该值将被代入电阻公式。

在量纲上,分子以欧姆为单位,分母以方块数为单位。

$$\frac{欧姆}{方}$$

如果有了每方欧姆的具体数值,就不必再考虑材料的厚度是多少,现在可以变化的只有长度与宽度。但如果厚度发生了变化,则一切的计算都是无效的。但是,在相同的工艺中,通常认为厚度是不会变的,因此,不必担心厚度变化的问题。

可以简单地计算方块的数量,而不必考虑方块的尺寸,在一个工艺中的同一材料,不论方块的尺寸是什么,其阻值都是相同的。$1\mu m \times 1\mu m$ 正方形的电阻和 $4m \times 4m$ 正方形的电阻是相同的。

一个正方形可以是 $5km \times 5km$,或者是 $2cm \times 2cm$,或者是 $0.1\mu m \times 0.1\mu m$,在同一个制造工艺中的同一材料,它们全都具有相同的电阻值。

4.4.3 每方欧姆

上面提到,每方欧姆是描述电阻的基本单位,我们也称它为某一材料的薄层电阻。某一物质的每方欧姆的数值告诉我们材料对电流有多大的阻力。记住,不必考虑材料的厚度。

假设一个电阻有 8 方,每方 200Ω,则这个电阻是 200×8 (Ω),如图 4-8 所示。

图 4-8 有几方? 乘上每方欧姆数值就得到整个电阻的阻值

在乘之前,我们仔细检查计算公式的量纲:

$$\frac{200\Omega}{1\,方} \times 8\,方 = 1600\Omega$$

这里,每方欧姆作为一个要素,方块数作为另一个要素,结果消掉了方块数的单位,只留下用欧姆表示的电阻值,这是我们真正需要的单位。因此,从公式的量纲可知它是有效的。现在计算:

$$\frac{200}{1} \times 8 = 1600$$

计算方块数后乘上每方欧姆数值的方法是估算或者精确计算任何 IC 材料电阻的有效方法。这些材料可以是多晶硅,可以是金属,也可以是其他任何我们采用的材料。

当然,材料不同,其每方欧姆数值也随之改变。你所采用的材料的阻值或许会非常低,例如,多晶硅栅的每方欧姆数值可能只有 $2\sim 3\Omega/\square$(有关多晶硅栅的内容参见前面章节)。

可以采用每方欧姆的概念去计算电阻器的阻值而不必考虑电阻器的尺寸,任何宽度和长度都可以转变为以方数表示。例如,假设一个材料是 80×10 大小(任何可能的单位),如图 4-9 所示。

图 4-9　可以根据任意矩形计算方数,即长除以宽

以电流流动的方向作为长度方向,用它去除以宽度,这儿,80/10＝8 方,如图 4-10 所示,因此,方数可以用下式计算:

$$方数 = \frac{L}{W}$$

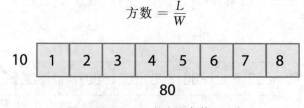

图 4-10　10×80 的电阻条等于 8 方

方数并不一定是整数,它可以含有小数,如 4.28 方。

试试看

1. 下面的每一个电阻有多少方？（假设电流自左向右流动）

(a) 宽度＝5，长度＝65

(b) $22W \times 27L$

(c) 22 ⬜

47

(d) 宽度＝2，长度＝200

(e) 宽度＝200，长度＝2

答案

长度（水平方向）除以宽度（竖直方向）等于方块数。

1. (a) $\dfrac{65}{5} = 13$　　(b) $\dfrac{27}{22}$　　(c) $\dfrac{47}{22}$

(d) $\dfrac{200}{2} = 100$　　(e) $\dfrac{2}{200} = 0.01$

通常情况下，每个制造工艺有一个参数手册，它或许就在你身边的某处，制造商们称它为**设计手册**、**工艺手册**或**规则手册**。

在手册上，你可以查寻以每方欧姆表示的材料电阻率，它们被称为薄层电阻或**薄层电阻率**，符号是 ρ。

你能够找到被写作为薄层电阻率 ρ 的每方欧姆值。

设计手册上对工艺中采用的每种材料都给出了薄层电阻率的数值。通常情况下，制造商会提供这样的手册。对于同一种材料层，不同制造商的数值会有不同，其中一个可能的原因是厚度不同。提供给你的手册上列出了在工艺制造中得到的材料数据，这些数据是通过大量的测试而获得的。

如何确定每方欧姆数值

通过所谓的**四探针测试**方法可以进行材料测试，就是对芯片上一个很大的正方形电阻器通以给定的电流并且测试两端电压差的方法（没有电流流过电压测量探针）。这也称为测量的**激励/检测**方法，如

图 4-11 所示。

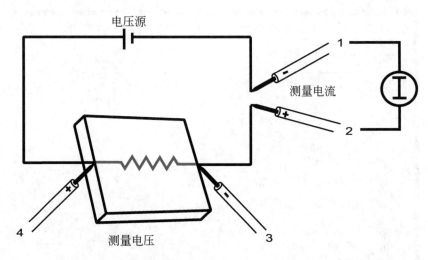

图 4-11 利用四探针测量一个大的正方形材料,确定每方欧姆数值

根据已知的电流测得电压值,根据 $V = IR$,就能够计算电阻。因为采用正方形,所以可以立刻得到材料的每方欧姆数值。

> 因为版图设计师有时也必须设计用于测量薄层电阻率的图形,因此你也必须了解测量方法。

将典型电阻值变为有用的数值

当工艺设计师在进行工艺设计的时候,他们会咨询电路设计师:"你们希望的电阻值有哪些?"

电路设计师可能会提出:"我希望有一些电阻值非常低的材料,一些中等电阻值的材料,还有一些电阻值非常高的材料。"

工艺工程师们则找出在工艺上已有的各种材料,然后说:"这些不同参数材料的哪些可以使用?"

集成电路中典型电阻值包括:

■ 栅多晶硅——$2 \sim 3 \Omega / \square$

■ 金属——$20 \sim 100 \text{m}\Omega / \square$(小电阻;良导体)

■ 扩散区——$2 \sim 200 \Omega / \square$

集成电路工艺中的任何材料都可以做电阻。但尽管所有材料都可做电阻,实际上由于各种原因,某些材料比其他材料更适合一些。因为在 MOS 晶体管上使用了多晶硅,同时,我们可以很好地控制它的结构长度和宽度,所以,它是一种非常好的电阻材料,不仅如此,它还是已存在了的材料层。因为它是现成的材料,所以没有沉积新材料做电阻所产生的额外费用。扩散区是另一种常用电阻材料,它们是晶体管的一部分,因此扩散区总是存在的,也不必增加额外的费用。

通常,IC 材料的初始电阻值很低,例如,每方 2～200Ω,但是,如果你真的用这些初始材料做电阻时,就会发现它可能太低了,不适合应用。

我们常用的电阻器的阻值范围是:

10～50Ω;

100～2kΩ;

2k～100kΩ。

因此,如果你试图用每方 2Ω 的材料做一个 100kΩ 的电阻,则它的尺寸将是太大了,有 50000 方之多。反过来,如果用每方 200Ω 的材料做一个 50Ω,它的尺寸就又太小了,这时,为了得到合适的长度,你不得不将它做得非常宽。

在这种情况下,可以通过增加额外的材料层或额外的工艺步骤去得到适宜的每方欧姆值。电路设计师可能会要求"做这个扩散"并且"多(少)注入一些"(注入参见前面的章节)。因此,借助其他的工艺步骤可以将电阻值修正到适合的范围。

下一节我们将了解在实际应用中如何计算电阻值。

这里做一个小结:如果已经知道了材料的薄层电阻率、电阻的长度和宽度,现在可以利用下面的公式计算电阻器的基本电阻值:

$$R = \frac{L}{W} \cdot \rho \qquad (\Omega)$$

$R =$ 电阻(Ω)

$L =$ 电阻器的长度(μm)

$W =$ 电阻器的宽度(μm)

$\rho =$ 薄层电阻率($\Omega/\square$)

4.5　多晶硅电阻公式

我们已经了解了为什么以每方欧姆的大小即薄层电阻值来度量材料的电阻。下面将以多晶硅电阻器为例,阐述实际 IC 中电阻器计算公式的不同方面,请注意公式中的许多参数都是以每方欧姆值为单位给出的。

4.5.1　基本电阻器版图

为了对元件有一个全面的理解,下面分步介绍多晶硅电阻的制造工艺。

这里采用硅片作为**衬底**材料。在衬底上沉积一层多晶硅,这就是得到的电阻层,如图 4-12 所示。

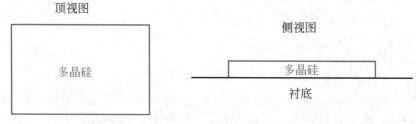

图 4-12　多晶硅层

为使电流能够流入多晶硅,必须设置连接点,因此,需要在多晶硅层之上覆盖一层氧化层,它的良好绝缘性能将对以后的材料层形成隔离,防止在不需要接触的地方与下面的多晶硅短接,如图 4-13所示。

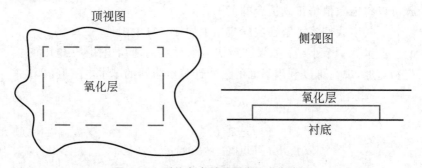

图 4-13　覆盖在多晶硅层之上的氧化层

接下来是在氧化层上刻蚀出**接触孔**。这些孔准确地位于需要与多晶硅接触的地方,因此称它们为接触孔。

在刻蚀了孔的位置沉积一些金属材料,金属填入了接触孔并与多晶硅接触。在图 4-14 上可以看到刻蚀的接触孔位于多晶硅的两头,在电路中,这两个接触点一个位于较高的电位,一个位于较低的电位,在电压的作用下,在多晶硅条上形成了电流。(经过仔细地设计,

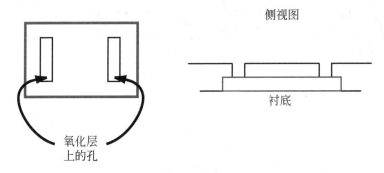

图 4-14 在氧化层上开孔的地方多晶硅被暴露

在接触孔之外的地方，金属将不会与多晶硅接触。）

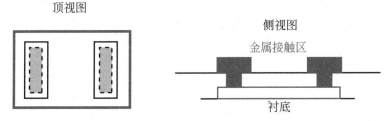

图 4-15 金属被沉积到孔中使其与多晶硅接触

因此，实际接触点仅仅在那些被完全刻蚀了氧化层并填充了金属的地方，如图 4-15 所示。

这就是最简单形式的电阻。其基本电阻大小由两个接触孔之间的材料宽度和长度决定，如图 4-16 所示。

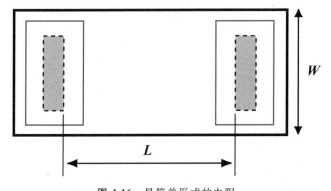

图 4-16 最简单形式的电阻

对于前面推导的电阻公式，我们现在对长度、宽度和薄层电阻率加上下标 b,用以表示这里指的是体长度、体宽度和体材料的薄层电阻率。在进一步推导公式中将继续采用这样的下标形式。现在的电阻公式为:

$$r_b = \frac{L_b}{W_b} \cdot \rho_b \qquad (\Omega)$$

$r_b = $ 电阻(Ω)

$L_b = $ 电阻体区长度(μm)

$W_b = $ 电阻体区宽度(μm)

$\rho_b = $ 体材料薄层电阻率($\Omega/\square$)

试试看

利用公式 $r_b = \dfrac{L_b}{W_b} \cdot \rho_b$ 计算下列电阻值:

1. $L = 10\mu$m,$W = 10\mu$m,$\rho = 200\Omega/\square$;
2. $L = 129\mu$m,$W = 2.5\mu$m,$\rho = 500\Omega/\square$;
3. $L = 10\mu$m,$W = 65\mu$m,$\rho = 350\Omega/\square$;
4. $L = 5\mu$m,$W = 200\mu$m,$\rho = 10\Omega/\square$;
5. $L = 96\mu$m,$W = 12.2\mu$m,$\rho = 956\Omega/\square$;

答案

L 除以 W,然后乘上 ρ,得:

1. $\dfrac{10}{10} \times 200 = 200\Omega$

2. $\dfrac{129}{2.5} \times 500 = 25,800\Omega$

3. $\dfrac{10}{65} \times 350 = 53.85\Omega$

4. $\dfrac{5}{200} \times 10 = 0.25\Omega$

5. $\dfrac{96}{12.2} \times 956 = 7522.62\Omega$

4.5.2 接触电阻

如果我们制造并且测量一个正方形的电阻器,我们就可以很容易地确定这个体材料的每方欧姆数值,特别是当这个正方形非常大的时候。早期的工程师们制作了大量不同尺寸的正方形电阻,例如,$10\mu m,20\mu m,30\mu m,40\mu m$ 见方,等等。他们绘制了正方形尺寸与电阻值的关系图,因为同种材料的各种正方形尺寸都具有相同的电阻值,所以,他们预料图形将呈水平直线,如图 4-17 所示。

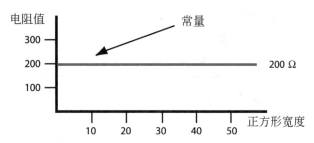

图 4-17　如前所述,即使正方形尺寸增加,正方形多晶硅的电阻也应该保持常量

然而,实际的情况是,当通过金属接触点去测量一个较小尺寸的电阻时,测量值高于预计值,这个发现使大家感到惊奇,如图 4-18 所示。

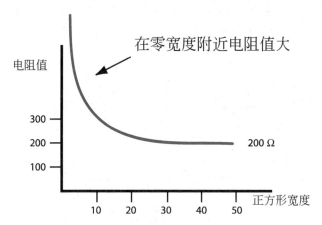

图 4-18　在实际情况下,随着正方形尺寸变小,我们发现电阻值并不保持恒定,背离了我们以前的认识

这些不同尺寸的正方形电阻器具有相同的薄层电阻值,但电阻器的电阻值却不相同。事实上,随着正方形尺寸减小,电阻值变化相当地严重。除非有另外的方面也对电阻值做出了贡献,否则不应该发生这样的情况。事实确实是这样。

请不要忘了,在现实世界中的每种材料都有不同程度的电阻。现在再来看一下电阻器的截面图,在电流通路上,多晶硅层是主要的电阻,但同时也应注意,尽管非常小,左右两边的金属块也有电阻存在,如图 4-19 所示。

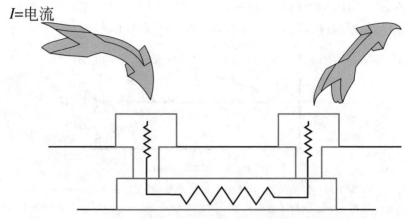

图 4-19 与电流通过多晶硅具有电阻一样,电流通过小的金属接触也表现出电阻

因为存在两个非常小的电阻,所以必须将它们引入电阻计算公式,我们以 r_c 表示接触材料的电阻,以 r_b 表示体材料电阻,如图 4-20 所示。

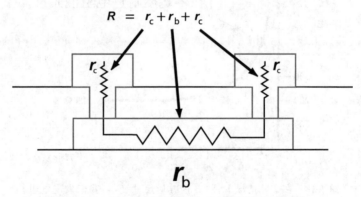

图 4-20 采用符号 r_c 和 r_b 表示不同区域的电阻值

因此,总电阻可以表示为:

$$R = r_b + 2r_c \qquad (\Omega)$$

$R=$ 总电阻(Ω)

$r_b=$ 体区电阻(Ω)

$r_c=$ 接触金属的电阻,两边各有一个(Ω)

在讨论每方欧姆数值的时候,我们已经了解了 r_b 怎样计算,但接触电阻怎样计算呢?

　　方块的概念对接触并不适合。首先,接触区被认为是具有固定长度的,当所有电流只从某一边流出的时候还要考虑延长接触区另一方向上的长度吗? 不仅如此,接触区具有的还是一个畸形的剖面结构,我们发现每方欧姆不适合作为计算接触电阻的单位。

　　下面的例子将有助于说明怎样测量接触电阻。

　　首先假设电阻器具有一定的宽度,例如 $10\mu m$。除了 200Ω 的多晶硅电阻之外,假设存在接触电阻,用 r_c 表示,每个接触是 10Ω,如图 4-21 所示。

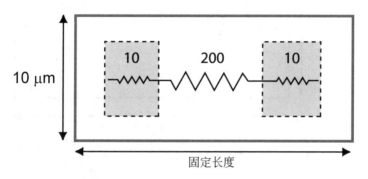

图 4-21　每个接触都阻碍电流流动

　　现在,将电阻器宽度加倍并维持长度不变。与上一个电阻相比,这个电阻采用的是同样的材料,同样的长度,但具有了两倍的宽度,当我们测量它的时候,发现每个接触电阻仅有 5Ω,而体电阻只有 100Ω,如图 4-22 所示。

　　当我们将接触区的宽度加倍的时候,电流得到了双倍的流动通道,类似于两个 10Ω 电阻的并联,这当然会减小电阻。如果两个 10Ω 电阻并联,则电阻只有 5Ω,如图 4-23 所示。

　　另一方面,如果接触区宽度变得非常小,则接触电阻将变得非常大。这就解释了图 4-18 中的曲线:电阻值随着宽度趋于零而增大。请注意,这与接触区的长度无关,延长接触区的长度使其保持正方形并没有补充作用。

　　如果接触区的宽度增大,接触电阻将变小;如果接触区宽度减小,则接触电阻将变大。这说明接触电阻与它的宽度成反比。利用这个规则,根据对尺寸大小的分析,我们就能够得到计算接触电阻值的方法。

　　我们现在已讨论过的关于接触电阻的知识是:

　　■ 因为电阻以 Ω 为测量单位,所以电阻公式必须以 Ω 为最终

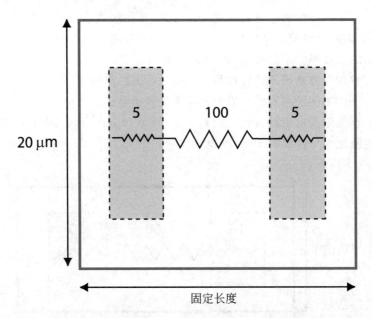

图 4-22 宽度加倍,测得的接触电阻仅为原来的一半

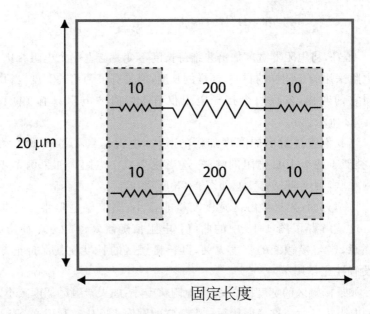

图 4-23 宽度加倍,类似于两个电阻的并联

单位。

■ 因此,公式的分子必须与 Ω 单位有关。

■ 因为接触电阻与接触区的宽度呈反比,因此,希望公式中接触区宽度在分母上。

■ 因宽度以 μm 度量,所以分母的单位是 μm。

■ 为了消掉分母上的 μm 单位,分子也必须与 μm 相关,否则,结果中就会含有 μm 单位。

这样,公式中分子必然是以 $\Omega \cdot \mu$m 为单位,分母则是以 μm 为单位。

下面我们来推导。首先定义一个接触材料的电阻因子,它以欧姆乘微米表述,为了与由工艺决定的数值加以区别,这里采用"欧姆-微米"表示,它表示与宽度相关的电阻值。以 R_c 表示接触区的欧姆-微米因子。

$$R_{\text{contact}} = \frac{R_c}{W_c} = \frac{\Omega \cdot \mu m}{\mu m(\text{宽度})} \qquad (\Omega)$$

$R_{\text{contact}} = r_c =$ 总接触电阻(Ω)

$R_c =$ 由接触所决定的电阻因子$(\Omega \cdot \mu m)$

$W_c =$ 接触区宽度(μm)

在上面的例子中,因为我们已知接触电阻是 10Ω,宽度是 $10\mu m$,所以,接触电阻因子是 $100\Omega \cdot \mu m$。

$$10(\Omega) = \frac{100(\Omega \cdot \mu m)}{10(\mu m)}$$

工艺制造商正是以这样的方法计算欧姆-微米的值。

但欧姆-微米到底是什么呢? 我们已经了解了为什么在公式中引入该单元,但它是人为设定的。你可以客观地看到微米是什么,它是一个很小的长度;你能够知道公升是什么,它是度量液体容器尺寸的单位。同样的,对于英里、米、克、小时以及其他单位你都已经知道了它们的实际意义。但是,有些单位却不能很好的具体化,欧姆-微米就是这样的单位,它是不客观的,就像加速度的单位,每秒-每秒-米。你想过平方秒是什么吗? 我们经常和这些单位打交道,在某些场合,它们为我们提供了便利。在实际中应用的单位是多于实际存在的单位的。

欧姆-微米仅仅是我们用于表示电阻因子的一个单位。你可以试着将这样的长度乘以阻值的单位看作为一个智力练习,当然,这并不是必须要做的。

请记住,构造公式的首要工作仅仅是引入单位,检查在预计的结果中是否能得到正确的单位。现实中如果仅用数字进行计算,则人类可能将消亡、移动电话可能将不工作、飞船可能将和火星相撞。

为检查我们掌握得如何,下面来做一些计算。

试试看

利用上述的欧姆-微米公式计算下列电阻器的接触电阻。

1. 假设接触电阻因子是 $100\Omega \cdot \mu$m,计算以下电阻器的接触电阻值:
   - (a) 宽度$=5\mu$m
   - (b) 宽度$=10\mu$m
   - (c) 宽度$=22\mu$m

2. 假设接触电阻因子是 $22\Omega \cdot \mu$m,计算以下电阻器的接触电阻值:
   - (a) 宽度$=2\mu$m
   - (b) 宽度$=22\mu$m
   - (c) 宽度$=50\mu$m

答案

用欧姆-微米数除以宽度(单位为 μm)。

1.
   - (a) $\dfrac{100}{5}=20\Omega$
   - (b) $\dfrac{100}{10}=10\Omega$
   - (c) $\dfrac{100}{22}=4.54\Omega$

2.
   - (a) $\dfrac{22}{2}=11\Omega$
   - (b) $\dfrac{22}{22}=1\Omega$
   - (c) $\dfrac{22}{50}=0.44\Omega$

引入欧姆-微米因子R_c定义接触电阻后,总的电阻公式为:

$$R_{total} = \frac{L_b}{W_b} \cdot \rho_b + 2\frac{R_c}{W_c} \qquad (\Omega)$$

$R_{total} = $ 总电阻(Ω)

$L_b = $ 电阻体区长度(μm)

$W_b = $ 电阻体区宽度(μm)

$\rho_b = $ 体材料薄层电阻率($\Omega/\square$)

$R_c = $ 由接触所决定的电阻因子($\Omega \cdot \mu$m)

$$W_c = \text{接触区宽度}(\mu m)$$

注意：接触区的宽度可能并不一定和电阻器的宽度相同，它取决于工艺的设计规则，可能会要求接触区宽度必须小于电阻器宽度。

试试看

1. 根据下面给定的值计算表中列出的五个电阻器的长度。

　给定：$R_c = 25\,\Omega \cdot \mu m$

　　　　$\rho_b = 1200\,\Omega/\square$

　　　　$W_c = W_b - 1\,\mu m$

#	$W_b/\mu m$	R_{total}/Ω	两个接触之间的长度
1a	20	1200	
1b	2	10,000	
1c	10	850	
1d	50	200	
1e	15	425	

2. 根据给定的值计算接触电阻、体电阻，以及下表中的五个电阻器的总电阻。

　给定：$R_c = 60\,\Omega \cdot \mu m$

　　　　$\rho_b = 270\,\Omega/\square$

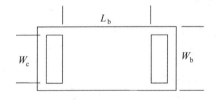

#	L_b	W_b	W_c	$R_{contact}, R_{body}, R_{total}$
2a	100	10	8	
2b	20	12	10	
2c	45	6	4	
2d	6	20	18	
2e	27	50	48	

答案

1. 利用上文给出的公式，解得 L_b。

1a.　$1200 = \dfrac{L_b}{20} \times 1200 + 2\dfrac{25}{20-1}$，电阻体长度 $= 19.96\mu m$

1b.　$10000 = \dfrac{L_b}{2} \times 1200 + 2\dfrac{25}{2-1}$，电阻体长度 $= 16.58\mu m$

1c.　$850 = \dfrac{L_b}{10} \times 1200 + 2\dfrac{25}{10-1}$，电阻体长度 $= 7.04\mu m$

1d.　$200 = \dfrac{L_b}{50} \times 1200 + 2\dfrac{25}{50-1}$，电阻体长度 $= 8.29\mu m$

1e.　$425 = \dfrac{L_b}{15} \times 1200 + 2\dfrac{25}{15-1}$，电阻体长度 $= 5.27\mu m$

2. 利用上文给出的公式，解得 R_{total}。

2a.　$R_{total} = \dfrac{100}{10} \times 270 + 2\left(\dfrac{60}{8}\right) = 2700 + 2(7.5) = 2715$

　　$R_{body} = 2700\Omega$

　　$R_{contact} = 7.5\Omega$（每个）

　　$R_{total} = 2715\Omega$

2b.　$R_{total} = \dfrac{20}{12} \times 270 + 2\left(\dfrac{60}{10}\right) = 450 + 2(6) = 462$

　　$R_{body} = 450\Omega$

　　$R_{contact} = 6\Omega$（每个）

　　$R_{total} = 462\Omega$

2c.　$R_{total} = \dfrac{45}{6} \times 270 + 2\left(\dfrac{60}{4}\right) = 2025 + 2(15) = 2055$

　　$R_{body} = 2025\Omega$

　　$R_{contact} = 15\Omega$（每个）

　　$R_{total} = 2055\Omega$

2d.　$R_{total} = \dfrac{6}{20} \times 270 + 2\left(\dfrac{60}{18}\right) = 81 + 2(3.33) = 87.66$

　　$R_{body} = 81\Omega$

　　$R_{contact} = 3.33\Omega$（每个）

　　$R_{total} = 87.66\Omega$

2e.　$R_{total} = \dfrac{27}{50} \times 270 + 2\left(\dfrac{60}{48}\right) = 145.8 + 2(1.25) = 148.3$

　　$R_{body} = 145.8\Omega$

　　$R_{contact} = 1.25\Omega$（每个）

　　$R_{total} = 148.3\Omega$

"为什么要求版图设计师会做这些计算呢?"—*Judy*

在实验室工作的人常会做新的实验,"小强尼需要一个 5μm 宽的 1kΩ 电阻,我们需要按照他列出的软件去计算这个电阻。"

有些人必须去设法调校阻值。过去,我必须对给出的每个电阻去计算它们的阻值。我有一个数据表,是来自书上的数据。按照给定的参(常)数来计算电阻器应该是多长才能满足我们的阻值要求。一旦你了解了这些,那就是一些简单的代数计算。

基于那些规则,我自己就能够做一个电阻器。根据告诉我的相对于结构的各种数据,我对长度和宽度进行调整。他们告诉我电路设计师需要一个 5μm 宽的 1kΩ 电阻,我必须计算长度。通常,我必须做的并不是计算电阻 R,而是计算 L。

这些说的是过去,可能是 5~10 年以前。现在,你只要启动软件,单击"*Generate me a resistor*"按钮,输入你需要的阻值和宽度,软件就会给你生成一个版图。但是,软件也是人编的,所以,某些人必须懂得原理,通常情况下,这些人是了解材料特性并进行研究的版图工程师。

对于希望了解人们进一步需要什么或制造什么材料的人而言,这些信息是有益的。你或许在研究室工作,你或许没有成套的设计工具,如果这样,你就可能需要从草图开始做所有的一切了。

4.5.3　改变体材料

前面介绍了简单电阻,现在将介绍复杂一些的结构。

一般而言,用于 FET 的多晶硅栅希望尽可能低的电阻,目的是尽可能地提高 FET 的运算速度。

我们曾经提过,多晶硅栅电阻只有每方 2~3Ω。这样的低电阻对于栅的工作是有利的,但作为电阻则希望范围更大一些。你可能需要数百欧姆的电阻,或许会要求方块电阻为 200~250Ω。

因此,我们希望改变电阻。仍从已经讨论过的材料层开始,如多晶硅、接触以及金属,重画简单电阻器如图 4-24 所示。

改变体材料能够有效地提高电阻率,这将有助于得到较高的,更有用的电阻率。

有几种方法可以改变体材料。一种方法是沉积另一层具有不同电阻特性的多晶硅。然而,是否可以通过改变已沉积在芯片上的材料层结构来做呢? 这将省掉额外的工艺并且不增加费用。

让我们在所用的多晶硅材料的中部开一个窗口,设法使我们能够

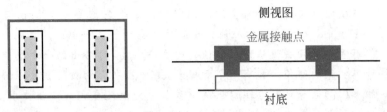

图 4-24 基本电阻器

得到一个较高的方块电阻值。

制作较高电阻率区域的一种方法是在窗口处对多晶硅注入另外的杂质材料,阻碍电子的流动。增加电阻的另一个方法是将多晶硅刻蚀掉一部分使其变薄。无论上述的哪种方法,都需要对中间的材料块进行改变以增加电阻值。

我们称这些被改变的材料块为电阻的**体**,虽然电阻器的尺寸仍保持不变,但我们已经简单地改变了中心处的材料,如图 4-25 所示。

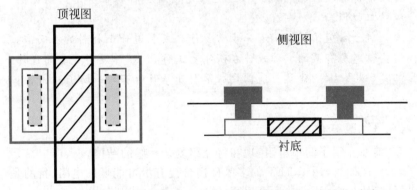

图 4-25 为提高通路的电阻,注入较高电阻率的材料进入多晶硅,在中心形成体部分

现在,我们有了一个新的,经过特殊处理的体区域。通常会有一个设计规则用以说明体区边界与接触区的最小距离,因此,在体与接触区之间总是存在一段原来的多晶硅位于通路上。这两块位于电阻体区两边的多晶硅我们称为电阻器的**头**。在电阻器的每边有一个头区,这两个头区所具有的电阻也必须包括在我们的计算公式里。

现在,在体区可能是每方 250Ω,而左右两边的原有多晶硅可能是每方 2Ω(这就是我们为什么改变中间小部分的原因),还有接触电阻,所有这些是不同的电阻。因此,总电阻的公式应包括三个部分:特殊处理的体电阻,两块原始多晶硅块(一边一块),以及两个金属接触电阻(也是一边一个)。这些电阻的每一个都必须单独计算,然后加在一起得到电阻器的总电阻。

采用简化的形式,总电阻方程为:

$$R = r_b + 2r_h + 2r_c \quad (\Omega)$$

$R=$ 总电阻(Ω)

$r_b=$ 体部分计算得到的电阻(Ω)

$r_h=$ 每个头部计算得到的电阻(Ω)

$r_c=$ 每个接触区计算得到的电阻(Ω)

方程中出现了特定的体区每方欧姆数值、特定的头区每方欧姆数值、接触的欧姆-微米值,不仅如此,每个区域还有它自己的尺寸,因此,方程开始变得相当复杂。

现利用每方欧姆和欧姆-微米单位去计算每一部分电阻。将上面简写的变量 r 展开,展开后的方程如下

$$R = \frac{L_b}{W_b} \cdot \rho_b + 2\frac{L_h}{W_h} \cdot \rho_h + 2\frac{R_c}{W_c} \quad (\Omega)$$

$R=$ 总电阻(Ω)

$L_b=$ 体区长度(μm)

$W_b=$ 体区宽度(μm)

$\rho_b=$ 体区薄层电阻率$(\Omega/\square)$

$L_h=$ 头区长度(μm)

$W_h=$ 头区宽度(μm)

$\rho_h=$ 头区薄层电阻率$(\Omega/\square)$

$R_c=$ 接触电阻因子$(\Omega \cdot \mu m)$

$W_c=$ 接触区宽度(μm)

试试看

1. 利用上文给出的方程和下面给定的参数值,计算下列电阻的总电阻值、体电阻值、头电阻值和接触电阻值。

   给定:$\rho_b = 300\Omega/\square$

   $\rho_h = 2\Omega/\square$

   $R_c = 70\ \Omega \cdot \mu m$

   $W_b = W_h$

   $W_c = W_b - 2\ \mu m$

   (a) $L_b = 20\mu m$

   $L_h = 2\mu m$

   $W_b = 5\mu m$

(b) $L_b = 60\mu m$

$L_h = 4\mu m$

$W_b = 20\mu m$

(c) $L_b = 10\mu m$

$L_h = 1\mu m$

$W_b = 50\mu m$

答案

将变量代入方程:

$$R = \frac{L_b}{W_b} \cdot \rho_b + 2\frac{L_h}{W_h} \cdot \rho_h + 2\frac{R_c}{W_c} \quad (\Omega)$$

求解得到总电阻、体电阻、头电阻和接触电阻。

(1a) $R_{total} = \frac{20}{5} \times 300 + 2\left(\frac{2}{5}\right) \times 2 + 2\left(\frac{70}{5-2}\right)$

$R_{total} = 1200 + 2(0.4) \times 2 + 2(23.33)$

$R_{body} = 1200\Omega$

$R_{head} = 0.8\Omega$(每个)

$R_{contact} = 23.33\Omega$(每个)

$R_{total} = 1248.26\Omega$

(1b) $R_{total} = \frac{60}{20} \times 300 + 2\left(\frac{4}{20}\right) \times 2 + 2\left(\frac{70}{20-2}\right)$

$R_{total} = 900 + 2(0.4) + 2(3.89)$

$R_{body} = 900\Omega$

$R_{head} = 0.4\Omega$(每个)

$R_{contact} = 3.89\Omega$(每个)

$R_{total} = 908.58\Omega$

(1c) $R_{total} = \frac{10}{50} \times 300 + 2\left(\frac{1}{50}\right) \times 2 + 2\left(\frac{70}{50-2}\right)$

$R_{total} = 60 + 2(0.04) + 2(1.46)$

$R_{body} = 60\Omega$

$R_{head} = 0.04\Omega$(每个)

$R_{contact} = 1.46\Omega$(每个)

$R_{total} = 63.00\Omega$

4.6　实际电阻分析

我们已经了解了对于采用 CAD 工具所画的图形尺寸如何计算电阻器的阻值,然而,实际的制造过程并不是像 CAD 画图那样完美,做出来的电阻器经常是明显地小于或大于你所画的。我们可以在公式里对这些变化量,或称德耳塔(delta)项进行补偿,现在来考查电阻器的各个部分。

4.6.1　接触区误差

当接触孔被刻蚀的时候,实际的加工尺寸会存在一些不确定的误差。如果过刻蚀,即使轻微的,也会导致孔变大,因此,你得到的实际接触孔尺寸和宽度发生了变化。当设计电阻器的时候,你需要对这些有足够的了解,要考虑这些实际的误差。

制造商会提供工艺变化量,他们将为你测量这些误差。例如,你可以询问:"如果我们需要 $1\mu m$ 的图形,在实际的掩模上应是多大?",他们可能会回答:"为保证这个尺寸,你可以放大 $0.1\mu m$"。

这种设计和实际尺寸之间的不同我们称为宽度的德耳塔(也称为公差、误差、变化量、尺寸变化、溢出或变化)。德耳塔项可以是正的,也可以是负的,即过加工或欠加工。常用希腊字母 δ 表示这种误差。宽度变化用 δW 表示,长度变化用 δL 表示。

例如,假设 W 是 $4\mu m$,而 δW 是 $0.06\mu m$,这表明实际的宽度最小是 $3.94\mu m$,最大是 $4.06\mu m$,大小取决于 δ 表示的是过加工或是欠加工。

4.6.2　体区误差

类似接触的情况,多晶硅也存在过刻蚀或欠刻蚀(通常情况下,多晶硅加工将使其变小)。因此,在计算体电阻时我们必须考虑 δL 和 δW。

每个 δ 将有一个特定的数值。某种材料和工艺可能有一个误差范围,而另一种材料或工艺却可能有完全不同的误差,人们通过大量地硅片测试来确定每个项目的误差。

为了得到这些误差数值,可能需要做非常大量的样本测试。一旦提取了某一个项目,就可以转向提取另一个项目值,直到得到每一个 δ 的值。

4.6.3 头区误差

如果体区主要是宽度变化引起误差,那么,电阻器的头区也是一样。如果体区变长,则头区将变短,同样的,如果接触区过刻蚀,则头区的长度也将变短。所有这些误差将使我们的计算更加困难。将所有这些 δ 代入我们的计算公式,得到:

$$R = \frac{L_b + \delta L_b}{W_b + \delta W_b} \cdot \rho_b + 2\frac{L_h + \delta L_h}{W_h + \delta W_h} \cdot \rho_h + 2\frac{R_c}{W_c + \delta W_c} \quad (\Omega)$$

$R =$ 总电阻(Ω)

$L_b =$ 体区长度(μm)

$W_b =$ 体区宽度(μm)

$\rho_b =$ 体区薄层电阻率($\Omega/\square$)

$L_h =$ 头区长度(μm)

$W_h =$ 头区宽度(μm)

$\rho_h =$ 头区薄层电阻率($\Omega/\square$)

$R_c =$ 接触电阻因子($\Omega \cdot \mu$m)

$W_c =$ 接触区宽度(μm)

δ 表示"某方面变化"

注意,某些 δ 的值对多个单元可能具有共用性,例如,一个电阻器的体长度可能过刻蚀了 0.1μm,这使得它的体区变长,但同时使头区以相同量减少,所以,数值 0.1μm 被同时用于两个项目。

试试看

1. 某电阻器的图形尺寸为:长度$=95\mu$m,宽度$=12\mu$m,材料的电阻率为每方 65Ω。在制造时,测量得到电阻器的宽度减小了 0.2μm,实际电阻值是多少呢?

2. 某电阻体在制造时过刻蚀 0.15μm,定义其长度的窗口有 0.2μm 的欠刻蚀,材料的电阻率为每方 150Ω。对下列的每一组尺寸计算电阻器的阻值:

宽度	长度	$W+\delta W$	$L+\delta L$	R
12	12			
20	60			
16	5			
50	10			
4	75			

3. 重填上述电阻器的表格,仅仅根据设计尺寸,计算设计值与制造
值误差的百分率:

宽度	长度	设计值	制造值	误差百分率
12	12			
20	60			
16	5			
50	10			
4	75			

答案

1. 确定方块数,并将其与薄层电阻率相乘。
计算设计值:

$$\frac{95}{12} \times 65 = 514.58 \qquad (\Omega)$$

考虑存在 0.2 刻蚀误差,则

$$\frac{95}{12-0.2} \times 65 = 523.30 \qquad (\Omega)$$

2. 因为电阻体宽度是亮场掩模,因此,过刻蚀导致的是图形尺寸缩
小;电阻器长度图形是暗场掩模,所以,欠刻蚀也是导致图形尺
寸缩小,在这两种情况下都是减去 δ。

宽度	长度	$W+\delta W$	$L+\delta L$	R
12	12	12−0.15=11.85	12−0.2=11.8	149.36
20	60	20−0.15=19.85	60−0.2=59.8	451.89
16	5	16−0.15=15.85	5−0.2=4.8	45.42
50	10	50−0.15=49.85	10−0.2=9.8	29.49
4	75	4−0.15=3.85	75−0.2=74.8	2914.28

3.

宽度	长度	设计值	制造值	误差百分率
12	12	150	149.36	−0.42%
20	60	450	451.89	+0.42%

续表

宽度	长度	设计值	制造值	误差百分率
16	5	46.87	45.42	−3.099%
50	10	30	29.49	−1.7%
4	75	2812.5	2914.28	+3.62%

4.6.4 扩展电阻

再次考查电阻图形,虽然我们测量多晶硅宽度是以材料的边缘为基准,而实际电流流入的起点以及在流出接触区后在整个多晶硅区内是怎样流动的还不是十分清楚。

电流仅仅在两个金属电极之间流动吗? 或者,电流在所有可用的多晶硅宽度内流动吗? 这个宽度是我们的度量值吗? 长度是什么呢? 是从多晶硅的外拐角测量吗? 你测量的仅仅是金属接触区之间吗? 或者,实际上应该包括金属在内吗? 多晶硅的计算宽度大一些或正好是接触区的宽度?

当电子离开了接触区后,电子传播的实际路径是逐渐扩展开的,直到它们最终达到整个的多晶硅宽度。这种逐渐的展开对电阻的大小产生了影响,因此,我们必须在计算公式中考虑这个因素。

扩展电阻与许多因素有关。如果你采用宽的接触区和宽的电阻条结构,这种影响是可以忽略的。但如果你采用宽电阻而窄的接触

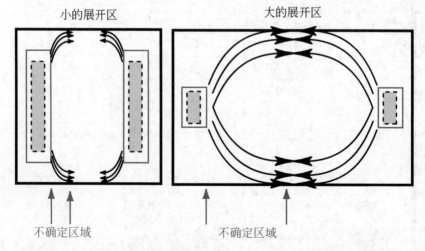

图 4-26 扩展情况会引起误差量的变化,在电阻公式中必须考虑这个问题

区,则意味着电流在展开到全部电阻器宽度之前将走更长的路径,这给公式中所采用的电阻器宽度带来了更多的误差,如图 4-26 所示。

如果一个电阻非常短且设计的很糟糕,则可能因为不能适当地计算出电子流动的区域宽度而导致电阻值非常的不精确,如图 4-27 所示。

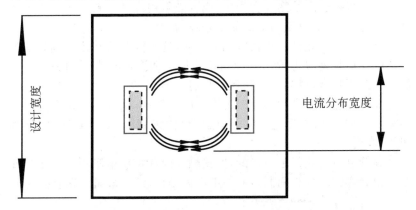

图 4-27　接触区是这样的小且非常靠近,以至于电子没有足够的时间展开到多晶硅全部宽度方向,电流分布的宽度小于多晶硅的设计宽度

让我们来讨论如何设计一个可以避免扩展问题的电阻器。

可以将接触区展宽到多晶硅材料的宽度之外,由于多晶硅定义了接触区的宽度,因此不必担心扩展的问题,这时多晶硅与接触区具有相等的宽度,如图 4-28 所示。

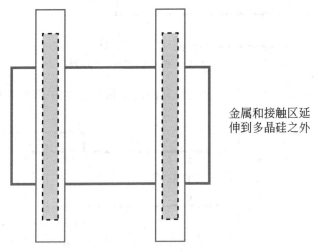

金属和接触区延伸到多晶硅之外

图 4-28　有些制造商允许金属与接触延伸到多晶硅之外,这消除了展开区的问题

　　能否这样设计取决于工艺技术。某些设计者不喜欢将接触孔暴露在空气中。某些设计者希望孔穿透某些氧化层，而另一些设计者则不希望穿透这些氧化层，他们会说："这个孔必须在多晶硅的里面，因为我不希望刻蚀穿透到其他材料层"，但其他人却可能不这么认为。

　　是否将接触孔暴露在空气中，或者必须用许多材料层完全封闭接触孔，这些完全取决于制造商的工艺规则。

　　有些工艺只允许一种接触孔的尺寸，这是因为这些工艺刻蚀的最佳接触孔形状是正方形。这种以单一尺寸适合所有设计的方法使我们的工艺更具有可控性，并且给我们更小、更精确的尺寸。

　　如果工艺仅允许我们使用正方形的接触孔，则我们必须在电阻器的宽度方向上用许多这样的小孔来填满以保持低的接触电阻，如图 4-29 所示。

　　尽管电阻公式仍是正确的，但接触电阻和扩展电阻项变得更加复杂。精确详细的计算随制造商的不同而变化，并且这属于商业秘密[①]。

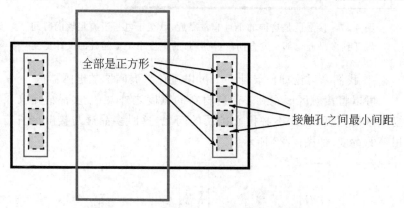

图 4-29　某些工艺要求采用正方形接触孔

　　减小扩展问题的另一个选择是使接触孔的宽度精确地与体相同，如图 4-30 所示。

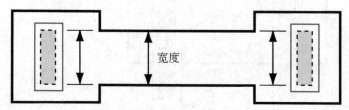

图 4-30　使接触孔的宽度与中间的多晶硅宽度相同也可消除相关的扩展问题

---

　　① 　秘密间谍员工。我知道，但我不能告诉你。如果我告诉你，我就不得不雇佣你了。

有些人则完全地撇开扩展的问题,他们采用欧姆-微米的方法将扩展和接触问题归结为一个数值,这样计算速度快,所需的精确计算少。因为接触电阻与电流如何展开无关,因此,实际的扩展电阻计算应该与接触电阻分开。

有多种技术和公式用于 IC 制造以确定扩展电阻项。这些技术与公式的大部分是不公开的。在这里我们所阐述的内容是为了让读者对所包含的物理的和电学的处理有一个了解,这些了解对于理解和使用你工艺手册中的公式是足够的。

4.6.5 总电阻方程

现在,我们不再深入地探讨了。

在构造总的电阻方程中,我们从采用最基本变量的一阶方程开始,然后构造考虑了扩展问题、德耳塔和其他微细调节的二阶和三阶方程。

从前面的介绍你已经知道电阻方程是什么,从电阻体你了解了基本电阻,然后,你看见了各种细微影响被逐步加入了方程。这里是已建立的方程:

$$R = r_b + 2r_h + 2r_c + 2r_s \qquad (\Omega)$$

$R =$ 总电阻(Ω)

$r_b =$ 来自于体区部分的电阻(Ω)

$r_h =$ 来自于头区的电阻(Ω)

$r_c =$ 来自于接触区的电阻(Ω)

$r_s =$ 来自于扩展区的电阻(Ω)

新项 r_s 是由于电子展开而引入的电阻(每边一个扩展因子),不同制造商对其数值有不同的定义。

请记住,方程中的每一个 r 项都必须单独计算,如果我们写出这样的方程取代最初的单元,就能够说明其中的每一个独立的计算:

完整的总电阻方程

$$R_{total} = \frac{L_b + \delta L_b}{W_b + \delta W_b} \cdot \rho_b + 2 \frac{L_h + \delta L_h}{W_h + \delta W_h} \cdot \rho_h + 2 \frac{R_c}{W_c + \delta W_c} + 2r_s$$

$$(\Omega)$$

$R_{total} =$ 总电阻(Ω)

$L_b =$ 体区长度(μm)

$W_b =$ 体区宽度(μm)

ρ_b ＝ 体区薄层电阻率($\Omega/\square$)

L_h ＝ 头区长度(μm)

W_h ＝ 头区宽度(μm)

ρ_h ＝ 头区薄层电阻率($\Omega/\square$)

R_c ＝ 接触电阻因子($\Omega \cdot \mu m$)

W_c ＝ 接触区宽度(μm)

r_s ＝ 扩展因子(参见工艺手册)(Ω)

注意：所有德耳塔项对于被使用的工艺都是唯一的,在方程中需要的 δ 值请查阅制造商的工艺手册。

在体电阻和头电阻项中,采用宽度去除是因为希望得到在电阻路径上的方块数,长度除以宽度就等于方块数,在这些项中,我们采用了每方欧姆数值(薄层电阻率)。

但是,在接触电阻项中,采用宽度除则是因为接触电阻是与宽度相关的,因此,该项采用欧姆-微米单位。

如前所述,也有将接触电阻与扩展电阻组合在一起以一个单独的项表示的。

你已经看到了我们所做的工作,从简单的方块到相对复杂的问题全都是以实际尺寸为基础。

对于一般的版图工程师并不需要了解这样深,但如果他必须涉足一个集成的工具包时,他就必须理解方程并且了解如何在 CAD 工具中实现它们。

现在,我们已理解了电阻器的方程,我们可以使用方程帮助设计精确的版图、验算误差以及完善设计。在下面的几节中将探讨电阻设计中的一些其他考虑。

4.7　实际的最小电阻尺寸

体电阻应该在总电阻中起支配作用。如果你的电阻是由接触区和头区所支配,你就无法得到非常好的、可控的电阻。

现在你已得到了总的电阻方程,它是一个大的方程,该方程将随制造商的变化而发生变化,有时甚至还与材料有关。但是,现在你至少应该能够对用于计算电阻的方程的各种变化进行解释了。

请记住,制造商可以很好地控制中部区域(体区)的材料,但对外部的区域,如头区或接触区的控制却不太理想。

因此,如果电路设计师不了解有关电阻制造的问题,他可能会提出"我需要一个 $2\mu m$ 宽，100Ω 大小的电阻"。而版图设计师计算的结果发现体区长度或许只有 $0.1\mu m$，这是不可能实现的。即使能够实现，这样多的实际尺寸变化也将使电阻值失控，它可能会是两倍或更多。

因为某些德耳塔项可能会比较大，如 $0.1\mu m$，因此应保持最小体区长度为 $10\mu m$，这将使你的误差下降到百分之一。如果需要一个相当精确的电阻，则要确保体区长度为 $10\mu m$ 或更长，以使德耳塔项的影响最小化。

■ **经验法则：确保体区长度至少达到 $10\mu m$，宽度 $5\mu m$。**

同样地，电阻器的最小宽度应为 $5\mu m$，这有助于确保得到更好的精度和适当的匹配。如果需要非常高精度的电阻，应使它们更宽更长，而德耳塔项不变将使误差的影响按比例变小。

4.8　特殊要求的电阻

4.8.1　大电阻-低精度

现在，有一些需要大阻值电阻的情况，例如，你需要一些大电阻保护电路。如果电阻是 $5k\Omega$、$10k\Omega$ 或更大，只要是大电阻，设计师可以不必太注意。

如果在你的版图设计中使用了高电阻率的材料，那你很幸运。但是，通常情况下，在 CMOS 工艺中只有一些低电阻率材料，因此，如果电路设计师要求在电路中设计一个 $10k\Omega$ 的电阻，你可以问他：这个电阻的作用是什么？为什么要这么大？你需要仔细地了解设计这个电阻器的目的。

如果电路设计师说他对精度要求不高，比如 15％ 左右，那么可以选择已存在的材料，在电阻器的中部采用工艺所允许的最小宽度，如图 4-31 所示。

设计规则的制定者为你制定了最小的实际宽度。例如，他们可能会说"对于这一材料层，最小的宽度是 $1\mu m$"，这样，你就可以采用 $1\mu m$ 宽度的设计。

通常，体区材料的最小宽度比接触区材料的最小宽度小，因此，

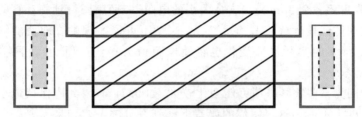

图 4-31　高阻值电阻的狗骨结构

最小宽度的电阻可以具有大于体区宽度的接触区。这种尺寸上的差异使得电阻具有了一种非常特殊的外形,它像一个狗骨,人们也是这样称呼它:**狗骨**。如果,你对于阻值波动的细节控制没有要求,则可以采用折弯结构,如果需要考虑占用空间的大小,这样的结构特别有用,如图 4-32 所示。

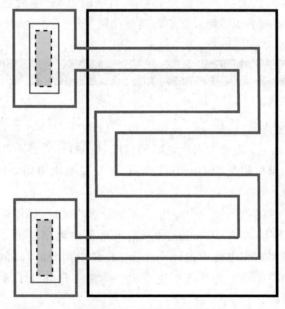

图 4-32　折弯型电阻

按照该结构的外形命名,它被称为**折弯型电阻器**。

到此,你对所需的接触区、头区和扩展区已有所了解,现在的问题是"如何计算方块数来确定体电阻呢?"

图 4-33 中的计算尽管不准确,但毕竟计算了方块数。

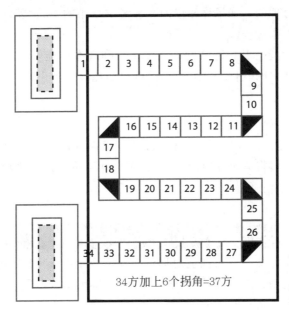

图 4-33 怎样计算折弯结构的方块数

方块数是你的朋友。

方块数计算不准确的原因是每个拐角的外角没有被完全利用,如图 4-34 所示。

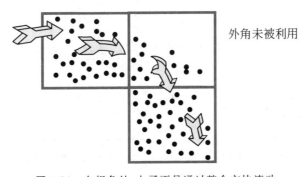

外角未被利用

图 4-34 在拐角处,电子不是通过整个方块流动

■ **经验法则:直线区按方块数计算,而每个拐角仅按半方计算。**

如果仅从数学角度上说,拐角处实际上是多于半方,但采用半方也是相当合理的。如果你阅读列在参考书目中的书,你就能从数学上验证实际工作过程。

对折弯型电阻的讨论就这么多了。到现在你能够选择的电阻形式有了这样多的变化,一般来说,2kΩ电阻比较容易设计。

4.8.2 小电阻-高精度

如果你需要一个阻值非常小而精度很高的电阻就可以利用大块的金属。金属将满足低电阻的要求,大尺寸则将使德耳塔项的影响最小化,有助于精度提高。

4.9 设计的重要依据——电流密度

电路设计师有时可能会对你说:"我需要1个200Ω的电阻,其中流过的电流为10mA,薄层电阻率是每方200Ω"。如图4-35所示,怎样设计这个电阻呢?

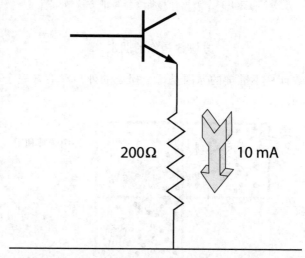

图4-35 有时你不能得到所需的所有信息。例如这个电阻的宽度是多少呢?

做一些简单的考虑就可以得到答案。根据材料的每方欧姆值,可以给你一个需要多少方的概念。在这个例子中,需要的是1方的电阻。

为了得到更高的精度,在前面的经验法则中曾说过,电阻的长度

不能短于 $10\mu m$。在这个例子中,电阻应该是 $10\mu m$ 长×$10\mu m$ 宽(正方形),而每方是 200Ω。

在给这个 $10\mu m$×$10\mu m$ 电阻布图以前,你可能为能计算出尺寸而高兴,但现在我们要对你的设计进行考查。为什么要考查呢?举例而言,你不会使用电铃线去给你的房子布电线,对不对?你不会采用细线去挂起你的洗衣机和干燥器。如果需要大量的电流,你会使用一个大的、粗的线。那么,$10\mu m$ 的线宽能够经受 10mA 电流吗?

打开工艺手册,阅读关于某些特定材料电流密度的小节。制造商的这些数据是根据薄层厚度来确定的,如果能得到真正厚的材料,你就能通过更多的电流(这不同于工艺手册中的薄层电阻率数值)。

电流密度是什么呢?电流密度是材料中能够可靠流过的电流量,这里的关键是"可靠"。例如,当你真的采用细的电铃线去连接家用干衣机时,电线很快就过热了,这将熔化绝缘层,引起火灾,你可能不得不将你的妻子送到岳母家以便再建住房,或者你在妻子建房时露营到湖边。即使如此,这可能也是你用电铃线连接干衣机所得到的较好的结果了。

粗的线能够承受干衣机的电流而不过热,它可以使用更长的时间,或许是许多年。因此,我们说,任何线都**能**工作,但能够维持多长时间呢?连接干衣机的线越细,寿命越短。这就是我们追求可靠的原因。

同样的,窄的电阻能够流过各种大小的电流,但问题是能持续多长时间呢?因此,我们必须选择一个宽度,这个宽度对于流过它的电流是合适的。

在集成电路中电阻的电流密度通常是比较保守的,可靠性系数达到数万小时。你可以使电阻超过它的容限电流工作,但这将减少芯片的可靠性,缩短了产品的寿命。由于同样的原因,各种这样的产品都会因此缩短工作时限,公司的形象被损毁,他们的产品不可靠。有了好的版图设计工程师,他们知道怎样去核对电流密度,这些问题都是可以避免的。

> 有时,在工艺手册中会告知**熔断电流**大小,就是在一定的时间内毁坏电阻所需的电流大小。这可能是我的希望,它可能是零乱的。

工艺中任何能够被用于传导电流的材料都有一个对应的电流密度。如果有某一材料,你希望用它传导电流,但不知道它的电流密度,则**不要使用它**。因为你不能设想它应该是多宽才是可靠的。

如果电路设计师坚持要采用这种不能确定的材料层,只好将他带到工艺监督那儿请求帮助与指导。

典型的电流密度大约是每微米宽度 0.5mA。与宽度有关是因为设计得越宽,能够通过的电流越多(平行的材料越多)。

■ **经验法则:每微米宽度 0.5mA。**

一旦我们确定每微米宽度的毫安值,我们就可以用宽度乘这个值,其结果就是电阻能够可靠流过的毫安值。

$$I_{max} = D \cdot W \qquad (mA)$$

$I_{max} =$ 最大允许可靠流过的电流(mA)

$D =$ 材料的电流密度(mA/μm)

$W =$ 材料的宽度(μm)

在上面的例子中,我们 10μm 宽的电阻显然只能可靠承受 5mA 电流(0.5mA$\times 10$),是存在问题的。

这时,你可以对电路设计师说:现在的设计超过了电流密度容限的两倍,我需要将宽度至少增加到 20μm,这才能提供 10mA 电流。

电路设计师一般会赞同这样的修改。最后的宽度被设计成了 20μm。

对于选择电阻的宽度,电流密度是重要的。

对于传导大量电流的电路,如果电路设计师预先知道了电阻的电流密度,他就会选择相应的电阻尺寸。当面对一个大电流电路时,作为版图设计师,我总是要反复地检查,我问自己:这段线或电阻是否足以承受这种电流要求。

有时,电路设计师自认为他的宽度选择够了并将检查工作留给了版图设计师,我们则经常能够发现他们的错误,有些电路设计师甚至还没有认识到这些,他们只会提交设计,并说:"5μm 够了。"

有时你会遇上好的电路设计师,他们将导线中需要流过的电流标注在原理图上。但是,我仍做重复的检查并自问:"这个电流从哪儿来,又到哪儿去呢?"这就是版图设计师为什么需要了解电压和电流的原因。这些是相当简单的计算:电流密度乘以电阻宽度。但通过检查可能拯救整个设计。

记住,对每个设计都要检查电流密度。统统检查!

"但是,有时有的芯片中包含了数以千计的电阻,这可能会花费你很多的时间"——*Judy*

不可能对整个芯片的每一部分都进行检查,但你可以分块,例如,一块只有几百个电阻。首要的问题是询问电路设计师:"在这个单元中流过的电流有多大呢?"

如果他说:"10mA",那可以接着问流过哪里。

"通过这个晶体管吗?"

"仅仅流过这儿吗?"

"不,还有这儿和那儿。"

"其他如何呢?"

"那儿仅有几百微安。"

"这里不必担心"。这儿是唯一的大电流通路,对大电流通路需要特别的处理。

这些就是需要额外计算的部分。

试试看

1. 某电阻需要通过 $100\mu A$ 电流,该电阻宽 $3\mu m$,如果它的电流密度值为 $0.2mA/\mu m$,该电阻能可靠工作吗?

2. 某工艺制作的电阻的电流密度值是 $0.25mA/\mu m$,下列宽度能承受的最大电流是多少:

电流密度/mA · μm^{-1}	宽度/μm	电流/mA
0.25	2	
0.25	3	
0.25	5	
0.25	10	
0.25	20	
0.25	60	

3. 假设需要一个能承受12mA电流的电阻。其大小为 50Ω,并且要求其对工艺变化不敏感。有三个选择:

多晶硅:电流密度为 $0.27mA/\mu m$,薄层电阻率为 225;

N 阱：电流密度为 $0.72\text{mA}/\mu\text{m}$，薄层电阻率为 870；

扩散电阻：电流密度为 $0.93\text{mA}/\mu\text{m}$，薄层电阻率为 1290。

哪个能满足我们的要求呢？

答案

1. $0.2 \times 3 = 0.6\text{mA}$，可靠工作的最大允许电流是 $600\mu\text{A}$，我们的计划电流是 $100\mu\text{A}$，因此，该电阻器能可靠工作。

2.

电流密度/mA·μm^{-1}	宽度/μm	电 流/mA
0.25	2	$0.25 \times 2 = 0.5$
0.25	3	$0.25 \times 3 = 0.75$
0.25	5	$0.25 \times 5 = 1.25$
0.25	10	$0.25 \times 10 = 2.5$
0.25	20	$0.25 \times 20 = 5$
0.25	60	$0.25 \times 60 = 15$

3. 可以看到各种材料为我们提供了适当的薄层电阻率，但是，在决定哪种材料最好时，还应该看看各个电阻的长度与宽度。

我们根据下式决定电阻的宽度：

$$I = D \cdot W \qquad\qquad (\text{A})$$

而长度则由

$$R = \frac{L}{W} \cdot \rho \qquad\qquad (\Omega)$$

决定。

电阻类型	宽 度	长 度
多晶硅	$\frac{12}{0.27} = 44.44$	$50 = \frac{L}{44.44} \cdot 225, L = 9.87$
N 阱	$\frac{12}{0.72} = 16.66$	$50 = \frac{L}{16.66} \cdot 870, L = 0.95$
扩散电阻	$\frac{12}{0.93} = 12.90$	$50 = \frac{L}{12.90} \cdot 1290, L = 0.5$

目前的多晶硅宽度尺寸约为 $45\mu\text{m}$，大于最小的扩散电阻区的 $13\mu\text{m}$，虽然其他的电阻比多晶硅有更好的电流密度，宽度较小，但出于对长度尺寸的考虑，实际上它们是不合适的。

4.10 版图误差分析

体区、头区和接触区是电阻器的三个部分,我们已经介绍了这些部分的实际尺寸对电阻值的影响,通过预设计去减小这些误差的影响将提高版图设计的效率。

4.10.1 电阻器误差的来源

影响电阻器误差的因素有哪些呢?
- 长度和宽度的变化(德耳塔项)
- 薄层电阻率(ρ)的变化
- 各层之间的对准(例如,接触孔偏移或过腐蚀)
- 薄层厚度的变化

4.10.2 误差要求

加工与刻蚀会引起尺寸的不确定,你可能图上画的是 $5\mu m$,而硅加工后得到的是 $4.5\mu m$。尺寸是上下波动的,但有一个平均的公差,图形尺寸或许是 $4.5\mu m$,或许是 $5.2\mu m$。在实际制造器件过程中会出现这种误差。

你必须咨询电路设计师,我们能接受的阻值变化量是多大,你是否能接受两个彼此相邻的电阻存在 20% 的误差。或许,你要求一个放大器的增益是 10,并且增益是由电阻值决定,这样,为了保证增益的准确就要求电阻器必须是精确的。

在类似的情况下,如果你要求精度,就必须使电阻非常宽或非常长。为了使工艺的误差在大部分情况下不影响你的设计应提高选择参数的裕度。如果处理得当,变化的仅是工艺参数,而版图的设计使其可以容忍尺寸误差。

试试看

1. 在长度为 $40\mu m$ 时存在 $0.1\mu m$ 的 δ,δ 和总长度的百分比是多少?
2. 在长度为 $2\mu m$ 时存在 $0.1\mu m$ 的 δ,δ 和总长度的百分比是多少?
3. 比较问题 1、2 的答案,为了减小工艺误差的影响,应该将电阻尺寸取的小一些呢还是大一些呢? 观察结果。

答案

1. 0.1/40.1＝0.25％
2. 0.1/2.1＝ 4.76％
3. 40μm 长的电阻器有较小的误差百分比,因此,相对而言,大尺寸的器件,工艺误差的影响较小,较长的长度具有更好的误差容忍能力。

■ **经验法则：对高精度要求,将电阻做宽,做长,或既宽又长。（经验法则给出的是至少 10μm 长 ,5μm 宽）。**

因此,一旦做到了可以忽略工艺引起的尺寸误差,则唯一仍需考虑的是薄层电阻率的变化。你可以控制长度和宽度以确保加工引起的变化不对设计产生严重影响,但基本的薄层电阻率仍可能有±10％的变化。如果你能了解这些,你就知道你所设计的电阻考虑到光刻和加工的误差将会产生组合误差 15％～20％。

必须保证你设计的电路已经考虑了这些误差,这里的意思是设计必须留有余量,你必须考虑当电阻出现最坏情况时,仍能得到你所需要的性能。

我最后要说的是可以采用反馈回路补偿工艺的偏差。如果电阻误差达到 25％,电路设计者必须改变设计,考虑补偿,这包括一组匹配和补偿器件,通过它们反向补偿电阻变化带来增益变化。即,将自补偿电路加入设计。

4.11　基本材料的复用

回过头去我们再看看 FET（场效应晶体管）理论如图 4-36 所示,在中心的栅会对其下的耗尽区进行调节,但如果我们将 NMOS 晶体管的栅去掉,那么,留下来的将会是什么呢?

正如我们看见的,留下的是一个 N 型电阻,从一个晶体管我们得到了一个电阻,如图 4-37 所示。

显然,在标准 CMOS 工艺中的每一种材料或大或小都有一定的电阻,都可以利用其作为电阻,但实际上最容易制作的电阻还是多晶硅电阻。

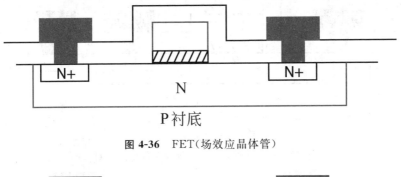

图 4-36　FET(场效应晶体管)

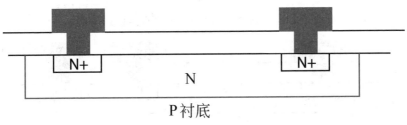

图 4-37　N 型电阻

如果需要,可以采用相同类型的工艺方法跨越整个区域制作 N+,在这种情况下,你甚至不需要常规的 N 区,就是 N+电阻,如图 4-38 所示。N+有它自己的方块电阻值。

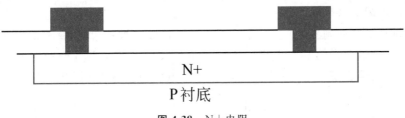

图 4-38　N+电阻

采用已被用于制造器件的基本材料,不需要设计额外的掩模和额外的材料层,我们就能够开发各种电阻。不需要额外的工艺步骤我们就可以在制造同一芯片上的晶体管时构造电阻,我们可以免费的构造它们。

你也可以用 P-FET 做相同的工作,因为芯片上可能有你构造的 P-FET。因此,你可以采用相同的工艺,在你需要之处构造电阻,免费的电阻,如图 4-39 所示。

因为衬底是 P 型材料,所以必须在 N 型材料上构造 PMOS 管,需要采用 N 型材料做 P 区和衬底之间的隔离物。

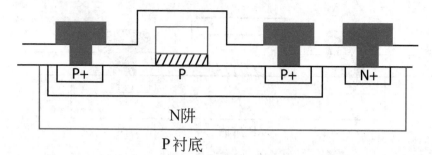

图 4-39 P-FET 也能提供免费的电阻材料

现在去掉栅，如图 4-40 所示，得到另一种类型的电阻。

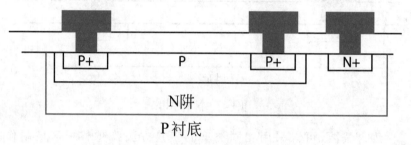

图 4-40 去掉栅的 P-FET 变成另一种类型的电阻

　　因为 P 型电阻是在 N 阱中，这就存在了第三个电极，这是该种扩散电阻的特殊问题之一（它们被称为扩散电阻是因为它们是在衬底上做扩散区而制备的）。必须确保 N 阱被连接到被称为 **VDD** 的最正电位，这是存在第三个电极的原因。正如我们在基本器件介绍中阐述的，它阻止了寄生的有源导通。第三个电极的顶视图如图 4-41 所示。

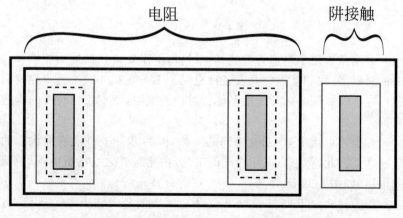

图 4-41 第三个电极的顶视图

在这里,各种能够用于制作电阻的有:

■ 去掉栅的 P 型器件。

■ 去掉栅并且横着全部做成 P+,得到 P+ 电阻。

■ 如果需要,可以去掉栅,再去掉 P 和 P+,只在 N 阱中制作
　　N+ 构成 N 阱电阻。

利用已有的可用材料构造电阻可以节省费用,减少问题和实验。有许多可以采用的方法,例如你可以采用额外的材料层,但使工艺步骤最少则效率更好。你可以问自己:"哪些已存在的材料可以为我所用?"

4.12　扩散电阻和多晶硅电阻的比较

在最后一节,我们知道了如果你在芯片上建造了 P 型和 N 型晶体管,就可以将存在的部分或材料做其他的用途。但是,有时你也不得不制造额外的材料层,或许你还需要对它们进行一些调整,以获取你所需要的电阻率。

如果将扩散电阻的图形转成多晶硅电阻的图形,可以看到除了图右边的第三电极外,它们非常相象。和我们前面讨论的多晶硅电阻相比,这里的电阻是通过扩散方法制造的。

我们也可以在电阻器的中部进行类似的处理——在中部填充材料改变体区的电阻率。

可以对扩散电阻采用相同的方程、长度德耳塔项、宽度德耳塔项,等等。关于多晶硅的所有参数都可以引用到扩散电阻方程中。

下面作一个比较:

■ 扩散电阻:在衬底上进行扩散制得。边界不清晰,在加工中扩
　　散区的扩展使它们不太容易控制。

■ 多晶硅电阻:栅也是由多晶硅制造的,所以多晶硅是存在的材
　　料,多晶硅层沉积在表面,可以精确地控制厚度、长度和宽度。

对于扩散电阻器版图设计特别需要注意的是作为偏置连接的第三个电极。

为什么不总是采用多晶硅呢? 如果你可以选择电阻的类型,你会选择哪一种呢?

电阻类型比较

多晶硅电阻	扩散电阻
• 低的功率耗散	• 高的功率耗散
• 寄生小	• 寄生较大
• 易于工艺控制	• 工艺控制较难
• 典型薄层电阻率小	• 薄层电阻率可大可小
• 两电极器件	• 三电极器件

4.12.1   双层多晶硅

有时,N阱以及制造晶体管的各个扩散层仍不能满足我们对电阻的需求,一些挑剔的电路设计师会提出这样或那样的弯弯曲曲电阻要求。

因此,我们在芯片上沉积一层全新的多晶硅层,这层多晶硅是真正可控的,我们专门用它来制作电阻。这种工艺被称为**双层多晶硅工艺**——一层多晶硅做栅,一层多晶硅做电阻。计算方法相同,就像使用了不同类型的材料和数值一样。

4.12.2   **Bipolar/BiCMOS**

在 **BiCMOS 工艺**中,增加了额外的工艺材料层到 CMOS 工艺中,你也可以使用这些额外的材料层做电阻,在这种情况下,类似于得到了双层多晶硅的自由度。在工艺中包括的步骤越多,你能够选择作为电阻材料的也越多,而且没有额外的开销。(参见双极晶体管)

结束语

好的电路设计师会研究他所做的整个工艺和薄层电阻率。这在开始就为版图设计者提供了正确的基础。实际上,这些我们正在学习的技术已被版图工程师们广泛地使用了。

一个好的版图工程师,应该能够捕捉任何可能出现的错误,能简化电路的设计,能够压缩芯片尺寸或增加电路可靠性。掌握这些技术将提高你的能力和价值。

本章学过的内容

在本章中,你看到了以下内容:

- 任何尺寸的正方形都具有相同电阻值的原因。
- 将每方欧姆单位用于体区和头区电阻计算公式的原因。
- 在扩展区和接触区使用欧姆-微米代入电阻公式的原因。
- 如何利用芯片上已存在的材料层以增加设计灵活性。
- 在电阻公式中如何运用长度、宽度和薄层电阻率。
- 电阻公式中的体区、头区、扩展区和接触区是如何确定和计算的。
- 如何利用德耳塔项去补偿公差以及为什么。
- 何时以及怎样利用狗骨型、折弯型或其他有创意的设计。
- 为什么将 $10 \times 5 \mu m^2$ 作为最小的电阻尺寸。
- 怎样以及为何要检查电流密度和熔断电流以避免灾难。

......

应用练习

工艺工程师提供了一个报告,描述了对晶圆的一系列测试参数,已被加工完成的电路未达到预期的要求。

在设计工具中的电阻模型的精度值得怀疑,因为除电源电流外的电路功能和预期的不同,同样地,电路的增益也未达到技术指标。

在概述的下面,报告描述了一系列来自晶圆的测试数据。这个电路只有两个电阻版图。计算新的预测值并反馈给电路设计组以便他们采用新的电阻值进行模拟。

顺便说一句,这样的情况我也碰到过,所不同的是,不是两个电阻,而是 120 个。因此,我就为我自己写了一张新值的表格,利用这个表格我知道我需要做什么处理。

新的工艺信息可能需要 6 个月的时间才能完全纳入设计工具,但如果你下周就需要做实验将怎么办呢? 如果你等不了 6 个月,那么那些可怜的人就必须完成这些计算了。

如果你从实验室得到了新的信息,但你的实验仍是基于现有工具,依赖设计工具中现有的规则,那你就会发现做出来的芯片不能正常工作。

挽起你的袖子,重新计算,修改版图,你将为公司节省几十万美元。

Techno Wizards, Inc.
12 Blastcap Avenue
Germanium Valley, California 95409
MEMO

To：Paul Eghan

From：电路设计组

Re：电路信息

Date：2/白天/稍晚

	设计尺寸	测量尺寸
多晶硅	10	10.13
接触孔	8	8.21
电阻器刻蚀窗口	25	25.73

	原值	新值
体区 ρ	180Ω/□	190Ω/□
头区 ρ	2Ω/□	2.2Ω/□
接触因子(CF)	100Ω·μm	120Ω·μm
扩展电阻因子(R_{sp})	90	65

假设体区宽度未受刻蚀的影响是不正确的,我们发现在加工中电阻刻蚀窗口的多晶硅尺寸缩小了 0.2μm。

	L_{bd}	W_{hd}	W_{cd}	L_{hd}	设计尺寸
电阻1	15	6	5	1	500
电阻2	32	15	14	2	400

假设,上面的电阻尺寸是从你的版图数据库中得到的,不能完全确信它是正确的。最初的假设是工艺对尺寸控制的很好,加工得到的尺寸就是设计的尺寸。

Zoozle 制造公司原来的设计手册电阻公式是:

$$R = \frac{L_{bd}}{W_{hd}} \cdot \rho_{body} + 2\left(\frac{L_{hd}}{W_{hd}} \cdot \rho_{head} + \frac{CF}{W_{cd}} + \frac{R_{sp}}{W_{hd}}\right) \quad (\Omega)$$

该公式是下列简式的展开:

$$R_{total} = R_b + 2(R_h + R_c + R_s) \quad (\Omega)$$

（我不了解实际的 Zoozle 公司，如果与某些公司名字类似则完全是无意的。）

答案

下面是从报告中提取的资料：

■ 在这个工艺中，体区宽度显然等于头区的宽度（方程中表示的是体区长度除以头区宽度）。

■ 多晶硅体区缩小了 0.2μm（在报告的中部陈述了）。

■ 多晶硅头区宽度将受 0.13μm 误差的影响。

■ 方程中的变量看上去与本书中的稍有不同，这没什么，一旦你理解了数学关系，你就能够用任何你希望的方式表达。例如对某个变量，这家公司表示为 L_h，另一家公司则可以表示为 L_{hd} 或 L_{head}，或 LH，在怎样表示一个值时各公司是可以变通的，取决于其定义。

■ 你有没有注意所有你需要的信息都是偏向某一边的？实际情况这是不可能的。

下面进行检查：

第 1 步：采用原来的信息计算电阻值，检查初始的设计是否正确。

电阻 1

$$R = \frac{15}{6} \cdot 185 + 2\left(\frac{1}{6} \cdot 2 + \frac{100}{5} + \frac{90}{6}\right) = 533.16\Omega$$

电阻 2

$$R = \frac{32}{15} \cdot 185 + 2\left(\frac{2}{15} \cdot 2 + \frac{100}{14} + \frac{90}{15}\right) = 421.48\Omega$$

第 1 步的结论：即使工艺未改变实际的尺寸，电阻计算的值也是不正确的，我们并未得到所期望的 500Ω 和 400Ω 的电阻。

第 2 步：对报告中有关"检查在版图数据库中上表的尺寸，不能完全确信它是正确的"做回答。

第 2 步的结论：由于这样多的不确定，需要从头开始检查每一个数字，包括在报告中观察到的数据。让我们希望在检查之后，尺寸能够正确。（参见报告，答案部分的结尾处）

第 3 步：采用新的信息计算电阻值。

电阻 1：

$$R = \frac{15+0.73}{6-0.2} \cdot 190 + 2\left(\frac{1-0.73-0.21}{6+0.13} \cdot 2.2\right.$$

$$\left.+ \frac{120}{5+0.21} + \frac{65}{6+0.13}\right) = 582.59\Omega$$

电阻 2：

$$R = \frac{32+0.73}{15-0.2} \cdot 190 + 2\left(\frac{2-0.73-0.21}{15+0.13} \cdot 2.2\right.$$

$$\left.+ \frac{120}{14+0.21} + \frac{65}{15+0.13}\right) = 445.94\Omega$$

第 4 步：比较原值与新计算值。

	原值	新值
电阻 1	533.16	582.59
电阻 2	421.48	445.94

电阻 1 新旧值差 49.43Ω，偏高。

电阻 2 新旧值差 24.46Ω，偏高。

第 5 步：修正。

假设所有材料层都能够被修改，我们可以修改电阻体区的长度：

电阻 1：

我们需要 500Ω，但实际得到的是 582.59Ω，根据这个信息来计算新的长度，利用误差值 82.59Ω 去查找长度方面的误差。

$$82.59 = \frac{L}{5.8} \cdot 190$$

长度误差 $= 2.52\mu m$

因为我们得到的电阻是偏大的，因此需要按计算缩短长度。

电阻 2：

我们需要 400Ω，但实际得到的是 445.94Ω，根据这个信息来计算新的长度。首先利用误差值去查找长度方面的误差。

$$45.94 = \frac{L}{14.8} \cdot 190$$

得到长度误差 $= 3.58\mu m$。

因为我们得到的电阻偏大，因此需要按计算缩短长度。

现在可以写一个报告给电路设计组。

Techno Wizards,Inc.
12 Blastcap Avenue
Germanium Valley,California 95409
MEMO
REPORT

To：电路设计组
From：Paul Eghan
Re：关于电路信息
Date：2/次日/晨

初始版图存在误差,我们希望得到 500Ω 和 400Ω,而我们计算发现电阻的值是 533 和 421Ω,此外,按照新的工艺信息计算得到的值则达到 582.59Ω 和 445.94Ω。

现要减小电阻 1 的长度 2.52μm,在更新后的版图上电阻 1 的总长度为 12.48μm。

现要减小电阻 2 的长度 3.58μm,在更新后的版图上电阻 2 的总长度为 28.42μm。

做了上述修正后应该可以解决问题。

其他考虑

如果你仅能够对电阻的体区进行改变,你当如何进行呢？这可是经常的情况。

在上面的应用问题中,你调整了整个的电阻长度,你可以利用简单的方程求出新电阻的长度,改变整个的长度并不会对其他长度产生影响,因为公式中只有一个单独的变量 L。

但是,如果你仅仅能够对电阻的体区进行改变,则将引起两个区域变化：体区以及头区,这将会有两个变量,这时必须采用全电阻公式。

计算这两个变量的最快的方法是保持次要的变量为常数(头区长度),去求解主要的变量(体区长度)。然后,通过连续的逼近计算求解得到体区和头区的长度,使你得到理想的电阻值[2]。

---

[2]　我认为某些两变量方程的求解还是比较快的,因人而异。——*Judy*

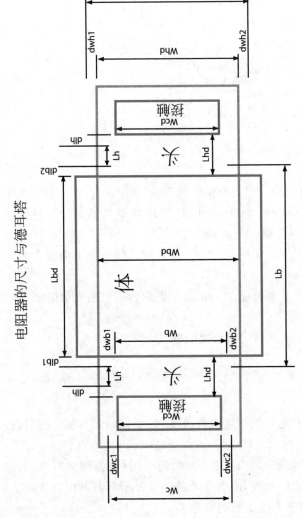

电阻器的尺寸与德耳塔

d1h=头区长度方向德耳塔
Lb=Lbd+d1b1+d1b2=体区实际长度
Wc=Wcd+dwc1+dwc2=接触区实际宽度
Lh=Lhd−d1h−d1b=头区实际长度
Wb=Wbd+dwb1+dwb2=体区实际宽度
Wh=Whd+dwh1+dwh2=头区实际宽度

Wbd=体区设计宽度
Lbd=体区设计长度
Wcd=接触区设计宽度
Lhd=头区设计长度
dwc1=dwc2=接触区宽度方向德耳塔
d1b1=d1b2=体区长度方向德耳塔

第 5 章

电　　容

5.1　内容提要

在本章中,你将看到以下内容:

- 经典电容回顾
- 头发直立实验
- 电容器的 DC 特性
- 电容器的 AC 特性
- 滤波特性
- 构造片上电容器
- 确定电容值
- 边缘电容
- 寄生电容
- 叠层金属

......

5.2　引言

电容器是一种储存电荷的器件。

你可以自己做一个电容器,用两片锡箔,用一层包装食品的塑料纸将它们隔开,就这样,一个简单的电容器做好了。

我的物理老师过去做过一个恶作剧,他拿来一些大电容,等这些电容充完电之后将电池断开,而且做的很明显,老师离开教室前说:"现在,任何人不准碰它们!"

当然,一些更为好奇的小家伙会说:哼,我想知道这是什么。结果,当他们拿起这些电容准备玩弄的时候,受到了电容的巨大电击,因为这些电容器已经充上了 500V 左右的电压。

那是在法律健全之前发生的事。但是它的确揭示了电容器能够存储电荷的事实,而且可以发挥很大的作用。

老师回到教室,只要看到谁的头发是笔直的,那么这个人就肯定碰了电容器。

自己千万不要尝试,这是非常危险的。

5.3 电容概述

电容器是一种能够储存一定量**电荷**,即一定数目电子的器件,如图 5-1 所示。电容器储存电荷的能力称为**电容**,电容的度量单位是**法拉**。电容器可以由两块导电平板构成,两块导电平板被称之为**电介质**的绝缘材料隔开,电荷就存储在这个电介质中。

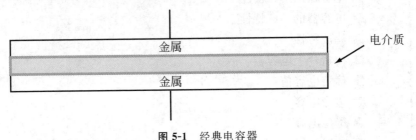

图 5-1 经典电容器

电容器的容值由绝缘体的厚度、介电常数以及两块平板相互覆盖部分的面积决定,其中介电常数是衡量绝缘体质量的常数。

在集成电路中存在电容器是常见的情况,任何时刻,只要有一块导电材料跨过另一块导电材料就会形成一个电容器。即使有时我们不想它出现,但它就偏偏存在。在本章中可以看到如何制备有用且可控的电容器。

5.3.1 电容器的特性

把电容器与电池相连,可以看到当给电容器充电时,电容器两端的电压会上升。如果充电时间足够长,电容两端的电压最终会与电池的电压相等。电容器达到满电荷所需的时间与电路中串联电阻的大小有关,当将电容器与电池直接相连接时,电路中的串联电阻仅是电池的内阻。

当断开电路或者移走电池,可以看到电容器两端的电压仍保持不变。

电容器的符号看上去就像一个实际的电容器,用两条平行线来表示两块平行的极板,如图 5-2 所示。

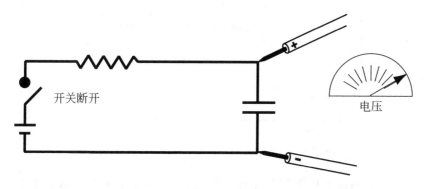

图 5-2 即使将电源从电路中移走,电容器仍能保持原来的电荷。电容器的符号在电路的右端可以看到,它位于仪表的两根探针之间

如果用示波器来测量电容器两端之间的电压,你可以观察到电压不断增加。示波器上显示的轨迹线一直上升,直至逼近电源电压,然后轨迹线保持在这个最高值,如图 5-3 所示。

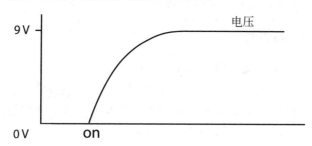

图 5-3 与电源相连,电容器两端的电压会增加至最大值,然后保持不变

如果电容器与电池分开,它将保持原来的电荷。但是,电容器不会永远保持这些电荷。从某种意义上看,由于示波器的探针具有一定的阻抗,电容器上的电荷将通过这个电阻逐渐泄放掉。

电容器的 DC 特性

如果故意在电路中串联一个电阻,当电容器充电时,你可以测量电阻两端的电压,电阻两端的电压与流进电容器的电流成反比。当开关刚刚闭合时,示波器会显示一个漂亮的电流尖峰,电流随着电容器的充电会迅速减小,一旦电容器到达了最大电荷值,示波器将不再显示有电流,如图 5-4 所示。

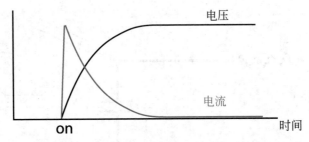

图 5-4   当电容器充满电后,电路中不再有电流

由于两块平板之间存在绝缘体,所以电容器非常适合隔断静态 DC 电压。

电容器隔断 DC 电压。

如果电路中有一定的 DC 电压输出,但某些电路又不需要这个 DC 电压,那么你可以在通路上放置一个电容器,它会隔断这个 DC 电压,这样,DC 电压就与其他电路断开了。

电容器的 AC 特性

如果用一个交流电源代替电池,通常是一个正弦波电压,那么会出现一种完全不同的情况。交流电压可以"通过"电容器,当然,这取决于电容器的容值和电压变化的频率。随着电压频率的增加,通过电容器的 AC 电流会不断增加,如图 5-5 所示。

可以将电容器认为是一个对频率敏感的电阻。如果电容足够大,当某个频率的电压通过时,电路中仿佛根本不存在这个电容器,此时它更像一个阻值很小的电阻。

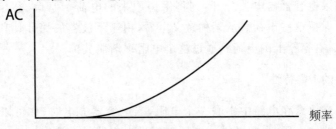

图 5-5   随着电压频率的增加,通过电容器的 AC 电流增大

电容器是对频率敏感的电阻。

对于一个给定的电容器,根据给定的电压频率,可以计算出有效的阻抗[①]。如果要计算一个放大器的增益,该放大器的反馈回路含有电容器,可以先计算在给定频率下电容器的阻抗,然后将其作为一个具有一定阻值的电阻,这样你可以使用欧姆定律,不会太困难了(当然,我们正在讨论的是 AC 电流。你要记住,对直流而言,当电容器充满电后,会阻断 DC 电流)。

大家已经知道电容器的两种阻断情况:完全阻断 DC 和仅允许通过某种频率的 AC 信号。因此,电容器有时被称之为**隔直电容器**或者**耦合电容器**。

噪声过滤器

电容器也有助于减小噪声。你的 DC 电源可能被许多噪声所干扰,噪声往往是高频的 AC 信号,因此,如果你在电源上跨接一个电容器,高频噪声将会被短路到地,而 DC 电压被隔离,不会与地短接,如图 5-6 所示。此时,就只剩下可爱的、安静的电压了!

图 5-6　DC 不会通过电容器短接到地,而高频噪声则与地短接

因为电容器是对频率敏感的电阻,所以,所有的高频噪声都会被这个低阻值的电阻所分流掉。这种电容器称之为**去耦电容器**,它将噪声从电源电压中过滤掉。

5.4　电容值计算

上下两块极板的覆盖部分面积的大小在很大程度上决定了电容器的容值。然而,这里将根据电容的二级效应,对电容值作适当地调整。

---

①　前人已经推导了所有需要的方程!不需要记忆太多的方程,你所能做的就是在你需要它时,知道如何找到正确的一个。

5.4.1　表面电容

为了计算电容器的容值,首先要确定上下极板覆盖部分的尺寸,然后用覆盖部分极板的宽度乘以长度,得到电容器的面积。

由于各种电介质的特性不同,因此,虽然面积相同,电容器的电容值可以不同,它取决于所采用的电介质。

在集成电路中,电介质的厚度由所采用的制备工艺所限定。因此,单位面积的电容值是一个常数 C_1,C_1 由电介质的厚度以及介电常数决定。电容的大小等于 C_1 乘以电容器面积,长度和宽度的度量单位是 μm。常数 C_1 的单位通常是 fF$/\mu$m^2。

$$C_{\text{area}} = l \cdot w \cdot C_1 \qquad\qquad \text{fF}$$

$$C_1 = \frac{\text{fF}}{\mu\text{m}^2} \qquad\qquad \text{单位电容 } C_1$$

与第 4 章中讨论的电阻一样,制备得到的实际电容器尺寸可能会比设计值偏大或偏小。我们把这种长度和宽度的微小变化称为德耳塔,用希腊字母 δ 表示。考虑到加工后长度的德耳塔变化,实际长度就不再是原理图上的长度,而必须在原来的长度上加上 δl。同样,必须考虑宽度的德耳塔项,应在原来的宽度上加上 δw。

$$C_{\text{area}} = (l + \delta l) \cdot (w + \delta w) \cdot C_1 \qquad\qquad \text{fF}$$

公式显得稍微复杂了一点,但所表达的意思相同:宽度乘以长度,然后乘以适当的单位电容。

仔细地分析你的器件尺寸,只根据尺寸写出方程,包括非数字量,然后消去方程各项中分子与分母中相类似的单位因子,以确保结果以合适的单位表示。如果求解的单位不正确,则我们可以知道方程是不准确的。

$$\text{fF} = (\mu\text{m}) \cdot (\mu\text{m}) \cdot \frac{\text{fF}}{\mu\text{m}^2}$$

在这个方程中,所有的 μm 因子都消去了,只剩下 fF,这是正确的电容单位。因为方程解得了正确的单位,所以这个关系是正确的。

人们是如何发现这个赋有魔力的数字 C 的呢?难道我们通过将一些假设的项相乘,只是为了保证解出来的单位正确吗?是这样的!但是,与其他公式中的常数型乘数类似,乘数 C 是不变的,这会使你对它的感觉好一点。毕竟,不用给每一种情况选取不同的 C 值。那么,

从哪里得到这些 C 值呢?

如果能够从较少的例子中就确定这个常数的值,那么我们就可以用方程中的常数去求解其他的变量,去预测在其他情况下的电容。

为了确定这个值,研究人员会说:让我们做一个 $1000\mu m \times 1000\mu m$ 的巨大电容器吧。因为他们知道这个电容的具体长度和宽度,通过测量电容值可以轻易地计算出每平方微米的飞法数,它就是常数型乘数 C。

试试看

1. 一个电容器的设计尺寸为 $50\mu m \times 35\mu m$,实际制备工艺误差为 $+0.1\mu m$,单位电容为 $6.2fF/\mu m^2$,那么电容器的容值是多少?
2. 需要一个 $5pF$ 的正方形电容器。假设工艺无误差且单位电容为 $7.1fF/\mu m^2$,那么电容器的尺寸是多少?

答案

1. $C = (50.1) \times (35.1) \times (6.2)$　　　　　　　　　(fF)
   $C = 10,902.762$　　　　　　　　　　　　　　　　(fF)

2. $L = W = \sqrt{\dfrac{5000}{7.1}}$　　　　　　　　　　　(μm)

   $L = 26.53\ \mu m$

   $W = 26.53\ \mu m$

5.4.2　边缘电容

当电容非常小时,这些电容并不能完全根据单位电容按比例变化。通过测试大量不同尺寸的电容器,研究人员发现对于小的电容器,电容值比预想的要大。

研究发现沿着极板的边缘隐藏着电容,人们称这种额外的电容为**边缘电容**。在远离电容器边缘的区域,边缘电容可以忽略。但是在边缘附近则存在明显的电容,足以影响计算结果,这就是电容器边缘对下极板的临近效应,是从上极板的竖直面发散出来(如图 5-7 所示)。

边缘电容等于单位边缘电容常数乘以电容器的总周长。换句话说,两倍长度加上两倍宽度乘以单位边缘电容常数 C_2,C_2 的单位为 $fF/\mu m$。注意,由于周长是长度单位,所以这个方程中的单位是长度

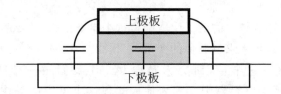

图 5-7 从边缘发出的边缘电容

单位。

通过对尺寸情况的分析,可以看到 μm 被消去了,得到的边缘电容的单位是 fF,与电容本身的单位一致。单位核对无误!

$$C_{periphery} = [2(l + \delta l) + 2(w + \delta w)] \cdot C_2 \qquad fF$$

$$C_2 = \frac{fF}{\mu m} \qquad \text{单位边缘电容}$$

$$C_{periphery} = \frac{(\mu m + \mu m) \cdot fF}{\mu m} = fF \qquad fF$$

所以电容器的总电容 C_{total} 等于普通的表面电容 C_{area} 和边缘电容 $C_{periphery}$ 之和。

$$C_{total} = C_{area} + C_{periphery} \qquad fF$$

试试看

1. 一个所设计的电容器的尺寸为 $50\mu m \times 35\mu m$,实际制备工艺误差为 $+0.1\mu m$,单位面积电容为 $6.2fF/\mu m^2$,单位边缘电容 $2.9fF/\mu m$,那么电容器的容值是多少?

2. 需要一个 5pF 的正方形电容器。假设工艺无误差且给定的单位边缘电容为 $2.9fF/\mu m$,单位面积电容为 $7.1\ fF/\mu m^2$,精度要求达到 99%,电容器的尺寸是多少?

答案

1. $C_{area} = 50.1 \times 35.1 \times 6.2$ fF
   $C_{area} = 10,902.762$
   $C_{periph} = (2 \times 50.1 + 2 \times 35.1) \times 2.9$
   $C_{periph} = 494.16$
   $C_{total} = 494.16 + 10,902.762$
   $C_{total} = 11,396.922$ fF

2. $L = W = \sqrt{\dfrac{5000}{7.1}}$

$L = 26.53 \mu m$

$W = 26.53 \mu m$

按这个尺寸计算边缘电容。

$C_{periph} = (2 \times 26.53 + 2 \times 26.53) \times 2.9 \text{ fF}$

$C_{periph} = 307.75$

这样，总电容就将比所需要的电容值大多了，达到

$C_{total} = 5307.75$

去除边缘电容：

$C_{wanted} = 5000 - 307.75 = 4692.25$

$L = W = \sqrt{\dfrac{4692.25}{7.1}}$

$L = 25.7 \mu m$

$W = 25.7 \mu m$

现在再来计算新值下的边缘电容。

$C_{periph} = (2 \times 25.7 + 2 \times 25.7) \times 2.9 \text{ fF}$

$C_{periph} = 298.12$

$C_{total} = 4692.25 + 298.12$

$C_{total} = 4990.37 \text{fF}$

这样，循环迭代 10 次后，最终得到电容器的尺寸为 25.73 μm。再把这个结果代入公式验证两次。

现在你知道了边缘电容会带来许多麻烦。需要多次循环迭代计算直至符合精度要求。在这个例子中，25.7μm 的正方形电容器完全符合 99% 的精度要求了。

25.7μm

5.5　N 阱电容器

那么，在 IC 中如何制备电容器呢？回忆一下我们介绍的 IC 制备工艺，其各材料层是一层层堆叠起来的。因为电容器是由平行的极板构成，所以 IC 中的各材料层本身就可以很方便地构成电容器。制备电容是多么容易啊！它正好可以运用现有的材料层，是不是？我们可以免费制备电容器了（即在制备电容中不需要额外的工艺步骤）。

在 FET 的栅与衬底之间,存在着固有的、并不希望的电容,我们称之为讨厌的寄生电容,如图 5-8 所示。但是,当需要电容时又怎么样呢? 这个寄生电容就不但不讨厌,还成为了我们的朋友。

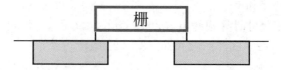

图 5-8　相对源-漏区域,FET 的栅是一个平行的极板,自然存在寄生电容

让我们来做一个真正的、真正巨大的栅,我指的是比 FET 的栅要大得多的栅。然后稍稍改变加工工艺过程,这里不是构造前面介绍的常闭晶体管,而是构造一个常开晶体管。

如果用 FET 的源-漏那样的 N＋做一个电容器的极板,那么栅会阻挡 N＋注入到它的下面,因此在栅下面不会全部都注有 N＋。还记得吧,在工艺步骤中,先构造栅,然后再注入 N＋,所以整个栅的下面是注入不到的。

然而,大家知道 N 阱是在制备栅之前加工的,所以,如果用 N 阱作为下极板,就可以确保得到一块完整的下极板,如图 5-9 所示。

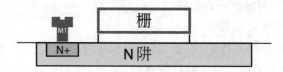

图 5-9　仅仅比耗尽型 FET 少画了一个接触孔

可以用 N＋作为下极板的接触区,它与 N 型 FET 的 N＋同时扩散而成,这也节省了工艺步骤。

■ 经验法则:尽量使用现有材料层。

从图 5-9 可以看到,栅与 N 阱之间是正常的栅氧化层,这就是电容器的介质层。多晶栅与 N 阱之间覆盖部分的面积就是电容器的面积。

图 5-9 仅仅画了一个接触孔,而由于 N 阱存在电阻,因此以这种方式构建的电容器的下极板明显地存在着串联电阻。

我们可以通过在上极板的两边或四边都放置接触孔的方法来降

低这个串联电阻。然而,由于大家更倾向于沉积一大块栅来制备电容器,而不是 FET 的窄条型,因此,这里采用了马蹄形的金属接触孔,如图 5-10 所示。

图 5-10 马蹄形式接触孔的典型扩散电容顶视图

这种伪 FET 可以构成一个很好的电容器,这种电容称为**扩散电容器**。它是一种非常简单的电容器,由现有的材料层构成。

你可能没有想到:由于这个电容器实际上是一个晶体管,因此它的电容值与极板上所加的电压有关。如果上极板的电压变化,将会影响下面 N 阱中的电子,故电容值会随着栅电压变化而变化。对于这种可变电容器,大家可不喜欢哦!

但是,扩散电容器可以作为直流电压源的去耦电容器使用,只要电压不变,这个电容值就是可信的。

5.5.1 寄生电容

站的角度不同,对问题的看法也不同,所谓的幸运和不幸也是如此。大家知道,N 阱处于 P 型区域内,它自动为我们提供了隔离。因此,幸运的是:只需注入一大块 N 阱,再在上面放置一大块多晶,就可以非常方便地得到电容器了,如图 5-11 所示。

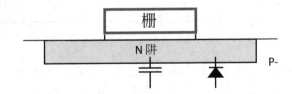

图 5-11 在制备栅之前制备 N 阱

然而,不幸的是:N 阱与下面的 P 衬底形成了更大的平行板,其结果是在 N 阱与 P 衬底之间构成了另外一个电容器,PN 结就是介质势垒。

所以,总是存在一个与衬底相连的寄生电容。

人们对这种寄生电容建模，然而，由于电容是建立在已有的二极管方程的基础之上，所以，对于二极管和电容，这个模型都应该是有效的，许多人正在进行这方面的研究，他们将寄生电容作为 N 阱与衬底之间的二极管来建模。

如果将 N 阱连接到了某个特殊的节点，会怎么样呢？如果 N 阱与你不打算连接的地方相连了，就可能使 N 阱与衬底之间的二极管形成正向偏置。

如果将寄生电容作为一个二极管建模，则 SPICE 程序会提示你可能存在的问题，这是一个很好的保护措施，这也是很多人将与长度和宽度相关的寄生电容用二极管来建模的另一个原因。

介质的厚度决定了电容值。两个平行极板越靠近，电容值就越大。所以，更薄的介质层将提供更大的电容。在下一节中将介绍如何使用性能优良的薄介质层。

5.6 金属电容器

正如上面所看到的，扩散电容器有一个跨接于 PN 结的寄生电容，任何一个信号输入到扩散电容器的下极板都会自动耦合到衬底。

在电路设计中，有时需要隔断 DC 电压而仅让 AC 信号进入到下一个电路模块。在这种情况下，一个随其两端电压变化而改变电容值的电容器是根本不能使用的。

因此，大多数用于信号传输的电容器都由金属制备而成。这样就消除了 PN 结，从而消除了寄生二极管的固有电容，同样，对电压的依赖性也消除了，如图 5-12 所示。

图 5-12 金属电容器消除了 PN 结的寄生电容

在大多数情况下，两块金属彼此重叠时，都要确保上面的金属不与下面的金属短路。所以，大多数典型的 IC 工艺中都用一层相当厚的材料来隔离不同的金属层。

由于在两极板之间的距离增加了，所以方程中的单位面积电容会稍稍有所不同，除此之外，虽然采用厚介质层，用于金属电容器的方程和扩散电容器方程也完全一样。

由于上下两层金属间隔较远,所以为了得到与扩散电容器相同的电容值,需要制备的金属极板面积将大大增加。所以,相同容值的金属-金属电容器比扩散电容器占用的面积多得多。然而,为了得到一个性能优越的信号传输电容,你必须承受这种牺牲。

5.6.1 叠层金属电容器

为了减少金属电容所占用的面积,我们也可采取一些方法。根据现有金属的层数,可以制备所谓的**叠层电容器**,如图 5-13 所示。

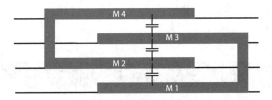

图 5-13 叠层金属节省了芯片面积

多层金属平板垂直地堆叠在一起,如同一堆薄烤饼。从上到下,每两层金属之间都存在着电容。如果将奇数层的金属连接在一起,同时将偶数层的金属连接起来,从剖面看,它们是两个梳状结构的交叉。这样,通过正确地交叉连接金属,可以在单位芯片面积上获得更大电容。

5.6.2 氮化物介质电容器

当金属用作芯片互连线时,我们通常会想减小金属之间的电容,而不是产生电容。所以,通常金属与金属之间的绝缘层非常厚,以减小寄生电容,如图 5-14 所示。

但是厚的绝缘层使得金属电容器变得非常庞大,所以,用这种方法制备电容并不是非常有用。

图 5-14 一些介质可以做得特别薄

和任何电容器一样,可以通过调节绝缘层的厚度来增加金属-金属电容器的电容值。这里引入一种非常薄的介质层,它不再是厚的氧化层介质。

这是一种具有较高介电常数而且易于用 CVD 沉积方法制备的材料。这就是氮化硅。

通过引入氮化硅层,我们得到了一层更有用的介质。但是,使用氮化硅介质需要额外的掩模板和工艺步骤,这就看你是否愿意做这个折中了。为了在相同面积上得到更大的金属-金属电容值,增加额外的工艺步骤值得吗?

现在,你既可以采用正常的厚氧化层隔离金属层,也可以采用特殊的薄氮化物隔离金属层。每一种介质都可以精确地放置在特定的地方,这里是氧化层,那里是氮化物。相应地,这里是小电容,那里是大电容。当然,它们都采用相同的金属层。这项工作非常好,金属层可以按你想要的那样为你工作!

结束语

电容器可能是集成电路中已有材料层的副产品,这可能是好消息,也可能是坏消息。你的工作就是控制这些自然存在的电容,你可以尝试消除它,也可以尝试利用它,或者,有时甚至可以有意增大这些电容。

我们要做的就是以最少的工艺步骤和最小的芯片面积来满足工作需要。

可能,你会提出一些更加有效的方法,那么请告诉我,我们可以在本章再加上一节,并以你的名字来命名。

前进吧,发明家们! 这很有趣。此外,本章较短小。

本章学过的内容

在本章中,你看到了以下内容:
- 经典金属-介质-金属电容器
- 电容器的功能和使用
- 频率敏感特性
- 高频滤波器
- 构造 N 阱电容器
- 电容方程
- 边缘电容
- 寄生电容
- 梳状叠层电容器
- 氮化物介质电容器

......

第 **6** 章

双极型晶体管

6.1 内容提要

在本章中,你将看到以下内容:

- ■ 我们能利用固有的栅电容做什么
- ■ 高速晶体管开关
- ■ 工艺如何限制我们的选择
- ■ 双极型开关的三个区域
- ■ 制造纵向开关
- ■ 埋层的表面引出
- ■ 为何通常不采用 PNP 开关
- ■ 具有 CMOS 经验的版图设计师所面对的最大问题

……

6.2 引言

迄今为止,我们已讨论过的绝大多数器件都可以采用基本的 CMOS 工艺来制造。

正如在 CMOS 版图那一节所讨论的,CMOS 晶体管中的固有栅电容降低了器件的工作速度,然而,在被称为**双极型晶体管**的器件中,开关区域可以做得很小,从而降低电容。

双极型晶体管用小尺寸解决了电容问题,具有更小的 RC 时间常数,因此,它们比 CMOS 晶体管的工作速度快很多。快速是好事,双极型很有用,所以本章将是十分有用的一章。

之所以称为双极型(*bipolar*)是因为这种晶体管正常工作时,同时利用电子和空穴这两种载流子,这就好像存在两个电极,其中一个吸引电子,另一个吸引空穴,故称双(*bi*)极(*polar*)。

CMOS 晶体管被称为单极型器件,因为它仅仅利用一种载流子工作。例如,一个 P 型 CMOS 晶体管采用空穴作为它的主要导电体。

在 CMOS 工艺中,N 型和 P 型扩散时选择的掺杂浓度是为了确保 CMOS 晶体管的正常工作而最优设计的,而这些不是针对双极型晶体管的。为了确保双极型晶体管正常工作就必须采用额外的工艺步骤,注入、扩散 N 型和 P 型的掺杂浓度选择以优化双极型器件为目的。因此,基于简单的 CMOS 工艺并不能制造出高性能的双极型器件。

制造商可以提供典型的纯 CMOS 工艺或者纯双极型工艺,但如果需要在同一片硅片上混合制备这两种晶体管,那么必须增加额外的工艺步骤,而这些增加的工艺往往是十分昂贵和复杂的。

下面就来探究隐藏在双极型器件背后的一些基本原理。

6.3　工作原理

我们并不一定需要先了解每一个器件工作原理后才能设计基本版图。但是,你对电路理解得越透彻,做出的决定将越佳,提出的问题也越具有针对性。另外,通过前面的学习,我们已经懂得 FET 的工作原理,所以理解双极型晶体管的工作原理将是一个简单的过程,因为它们的工作原理非常相似。

我们可以制备两种双极型晶体管——NPN 管和 PNP 管。让我们首先研究 NPN 器件,因为 PNP 管的工作原理和 NPN 管是相同的。

6.3.1　基本结构

从器件的横截面图可以看到存在两个 PN 结,这就是 NPN 管。双极型晶体管开关并不是一种奇特的新东西,而仅仅是两个简单的,熟悉的 PN 结,因此,从这个角度说,双极型晶体管与 CMOS 晶体管相类似,如图 6-1 所示。

可以认为双极型晶体管就是两个二极管(一个 PN 结是一个二极管),这两个二极管符号用两个箭头来表示,如图 6-2 所示。

NPN 型晶体管的符号类似于这个双二极管的画法,这将有助于记住这个符号,如图 6-3 所示。不同的是,在 NPN 型晶体管符号中仅用到下面的那个箭头,箭头方向表示流出这个区域的电流方向。

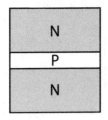

图 6-1　NPN 型晶体管仅仅是两个 PN 结

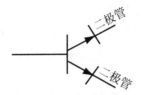

图 6-2　NPN 型晶体管符号来自于两个二极管的符号

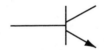

图 6-3　NPN 型晶体管符号

所以，NPN 晶体管的电流从顶部（称为集电极）流入，经过中央区域（称为基极），最后从底部（称为发射极）流出。当我们理解 NPN 晶体管的工作原理之后，很快就能明白为什么称这些端点为集电极、基极和发射极。

试试看

想一下，为什么电流的源头被称为集电极，而真正的收集端被称为发射极？听起来这不正好相反吗？

答案

应该是相反的，因为传统的电流方向和电子流动的方向是相反的。

如图 6-4 所示，你有没有发现 NPN 管的符号与 FET 的符号很相像吗？

NPN 管和 FET 的功能是类似的。在这两种器件中，电流都是从

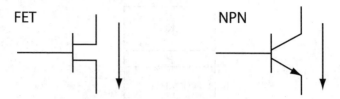

图 6-4　场效应管的符号和双极型晶体管的符号类似

正到负,从顶到底,电流总是试图穿过中间区域,有时候能够穿过去,有时候则不能。NPN 晶体管就像 FET 一样可以控制电流的开或关。开关的状态依赖于控制端的电压,也就是控制 FET 的栅极或者是 NPN 管的基极。由于它们的功能相似,因此符号也相似。

6.3.2　NPN 晶体管工作原理

　　为了理解双极型开关的工作原理,首先来研究器件符号中下面的那个 PN 结。

　　回顾一下,在基本的 PN 结中,N 型区域中存在着大量的电子,而 P 型区域中存在着大量的空穴。在 P 型扩散区加上一个正电压而在 N 型扩散区加上一个负电压,这样 PN 结就处于正偏状态,电子开始从 N 区流向 P 区,从而有效地得到了通过 PN 结的电流(查阅本书前面的章节,回顾一下 PN 结是怎样工作的),我们将这个激励电压称为偏置电压,它使 PN 结正偏,如图 6-5 所示。

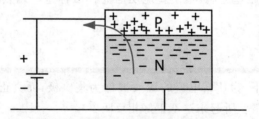

图 6-5　加上偏置电压,电子就能穿过 PN 结

　　下面来进一步理解双极型开关的工作原理。在这个 PN 结的顶部再加上一个 N 层,新增了一个电路形成完整的 NPN 管,现在存在了两个电路。通过这个新电路对整个晶体管施加一个更高的电压,一个电压仅仅加在了底部的 PN 结上,迫使电子流向中央 P 型区域;另一个更高的电压则直接跨接在了整个器件上。

　　想象一下那些刚刚朝着偏置电压源向左运动的电子会怎么样呢?

当它们遇到来自顶部一个更具吸引力的电压时，又会怎样做呢？

　　为了使这个器件正常工作，第一个 PN 结必须正偏，而正向偏置一个典型的 PN 结大约需要 0.8V 的电压。借助这个小电压，电子便会流入 P 区。

　　如果在顶部加上若干伏的电压，例如，在整个器件上跨接 5V 的电压，这样，那些已经进入 P 区的电子会继续向上运动。当电子看到这个更高的电压时会说：啊！那儿更具吸引力。由于 P 型基区很薄，运动电子不可能停下来。在如此强的能量作用下，这些电子被推到边缘，由于惯性，它们将直接通过这个薄薄的 P 区而进入顶部的 N 区。如果 P 区很厚，电子将不会有足够的能量达到顶部，也就看不到那儿正加着 5V 电压的 N 区，所以，P 区必须做得非常薄，如图 6-6 所示。

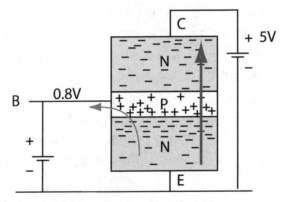

图 6-6　"我的天哪，我看到在上面的 N 区有一个更具吸引力的电压，我真想跳过这个 P 区而直接到达上面的 N 区。"

　　由于在整个器件上跨接了更高的电压，那些流进正偏 PN 结的电流大部分都流入了顶部的 N 区，而其他一小部分电子则仍继续原来的路径，所以，仍然有非常微小的一部分电流流过原来的电路。

　　你不觉得奇怪吗？电子是进入 N 区，而不是离开 N 区，这真不可思议！传导电流的是反偏的二极管，通常反偏二极管是不能导电的。真聪明！

　　底部的 N 区发射电子并被顶部的 N 区所收集，因此被分别命名为发射极和集电极。NPN 管如图 6-7 所示。

　　所以，那就是电子应该去的地方。电子发射并被收集[1]，但必须在

---

[1]　记住传统的电流方向和电子流方向相反，传统的电流方向是从集电极流向发射极的。

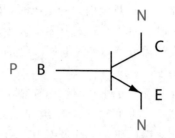

图 6-7 NPN 管由集电极、基极和发射极构成,箭头表示传统电流的方向

第一个 PN 结加上 0.8V 电压时才会这样。如果没有那很小的 0.8V 电压,电子就永远不能到达这么远的地方,也就看不到远处那么美好的地方,而只能老老实实地呆在底部的 N 区域内。

尽管流入正偏的基极/发射极 PN 结的电流很小,只有流过集电极和发射极电流的百分之一甚至更小,但也是一个损失。它的作用对应于 FET 中栅极的作用,作为一个开关的控制。

FET 中的栅极仅仅在栅氧化层电容充电或者放电——电压改变的时候,才会有电流流过,相比之下,双极型晶体管的基极总是存在电流的。一个理想的双极型晶体管的基极电流应该为零。如果基极电流真的为零,就可以得到一个完美的电压控制型开关。但事实上,双极型晶体管工作的时候,基极一定存在电流。

不幸的是,如果用双极型晶体管搭建一个逻辑门,那么任何时候都存在一个固定的静态电流。因此,双极型晶体管开关得越快,需要的电流越多,这也是为什么大多数微处理器都采用 CMOS 工艺的原因。CMOS 电路的功耗要低得多。

双极型晶体管需要更多的功耗。

集电极(发射极)电流和基极电流的比称为器件的 β 值。例如,有 100mA 的电流流入集电极,1mA 的电流流入基极,此时 β 值为 100。

但是,有些情况下,任何的基极电流,即使很小也是不希望的,它会损耗电路中的电流。请记住,在设计数字门电路的时候,我们希望门电路是常开状态,不希望有电流。

β 值的变化取决于晶体管的驱动方式。双极型晶体管的基极电流是可变的。例如,在某些点上,集电极/发射极电流不会进一步增加,但基极/发射极电流仍然可以不断增加。这种变化使电路变得让人头疼。

6.4 纵向工艺

第一次在这里讨论**纵向工艺**。采用纵向器件工艺技术可以更加精确地制备双极型晶体管。中部的 P 型基区可以比横向工艺制备的小很多。这样,由于 P 区变得更小了,相应地,双极型晶体管的开关速度比 FET 更快了。

为了更好地理解这一点,下面来研究双极型器件的结构。

6.4.1 FET 和 NPN 晶体管的开关特性比较

将一个简单的场效应晶体管(FET)和一个简单的双极型管相比较,如图 6-8 所示。在 FET 中,栅的长度 L 决定了器件的速度,而双极型管的速度由 P 区的宽度决定。两个 N 区之间的距离越短,在这个区域中开关电流的速度就越快。在开关速度的竞争中,纵向工艺获胜。

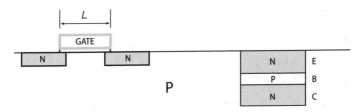

图 6-8 注意纵向晶体管中的 P 区宽度比 FET 中两个 N 区之间栅长要短得多

FET 栅的最小长度取决于在硅片上制作图形的能力。但是,在双极型晶体管中可以仅用一个少量的、快速的注入来形成一个非常薄的 P 型层。因此,制备一个很薄的注入层比制备一个很短的栅条要容易得多。

即使你可以采用横向工艺制备一个 NPN 管,但也不可能在两个 N 型区之间制备一个很薄的 P 型区。这是因为这三个区需要有自己的接触,因此必须增加 P 型区的宽度来使它满足接触的需要,如图 6-9 所示。这样 P 区就太大了,破坏了双极型管的优点,不是吗?

所以双极型晶体管采用一层层堆积的办法来制备,这种器件称为**纵向器件**。

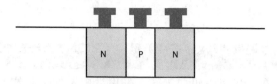

图 6-9　横向 NPN 版图迫使 P 区变大,因为需要满足接触的
需要,这就降低了开关的速度

6.4.2　层的结构

在纵向堆积成的 NPN 晶体管中,要连接基极和集电极似乎就变
得很困难,因为这两层位于表面的下方。但是,由于这种情况经常发
生,人类又很聪明。一些人意识到器件各层的水平长度并不影响器件
的速度,扩展水平长度是解决问题的关键。

下面通过一步一步地制备一个纵向 NPN 管的过程来进一步理解
器件的版图。由于技术和工艺的不同,制备基区和发射区的方法也多
种多样。这里仅仅将一个非常老式的扩散型 NPN 晶体管作为例子,
但其思想可以用于各种构造技术。

基区/发射区结的制备比基区/集电区结的制备要重要得多。因
为发射区的电子不能轻易地越过势垒,但是,一旦电子通了基区,集
电区可以想象为一个接球手的巨大手套。所以,第二个结,也就是集
电结不需要特别控制。

在工艺的最后,需要在顶部制备出能被最精确控制的区域。因为
先制备的层比后制备的层要承受到更多的扩散过程和应力作用。既
然我们想要使基区/发射区结比基区/集电区结更精确地得到控制,我
们使器件的制备过程颠倒过来。令人吃惊的事发生了,发射区放在顶
部,基区在中间,而集电区放到了底部。

首先,用一个 N 型区域构建集电区,如图 6-10 所示。

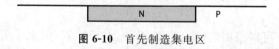

图 6-10　首先制造集电区

再在顶部通过外延生长一层 P 型材料,并将硅片退火,通过扩散,
集电区面积就变得更大,浓度也更均匀,如图 6-11 所示。

当然,当制备 P 型外延层时,集电区被埋在下面。那么如何才能
和埋层材料接触呢?正如我们在工艺那章所简要提到的那样,可以另
外注入一个足够深的 N 型杂质和 N 型埋层相接触,这样就制备了一

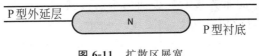

图 6-11 扩散区展宽

条从表面到埋层集电区的 N 型通路。从顶部看到的 N 型注入区就成为集电极的接触端,如图 6-12 所示。

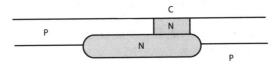

图 6-12 注入一个埋层的连接区

下一步,制备基区,位于 N 型埋层上方有一个特殊掺杂的 P 型区,它并不覆盖整个 N 型埋层,因为还有一部分被注入的 N 型接触区在这儿,如图 6-13 所示。

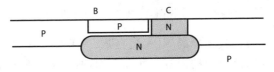

图 6-13 在埋层上方制备基区

由于 P 型外延,使得这个区域中已经成为 P 型,但由于必须十分小心地控制 P 型基区的杂质浓度,所以,对基区进行了专门的注入。当然,必须保证注入的 P 区很浅以得到更快的开关速度。

制备双极型晶体管的最后一步是注入一些 N 型杂质来形成发射区。注意,N 型发射区的面积比先前埋入的 N 型集电区要小。这样太好了!因为底部那层代表了所需的接球手的特大型手套,我们很乐意见到它扩散得很大。记住,关键要控制位于上面的 PN 结而不是下面的那个,如图 6-14 所示。

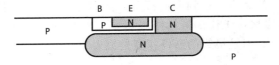

图 6-14 这就是发射极。现在在纵向的层上有了三个水平的
接触区,这三个接触区分别标为 B、E 和 C

在基区扩散以后,其水平方向的宽度远大于所需要的尺寸,这样

就有足够的空间来连接它。表面的金属连接按照以下顺序,从左到
右:基极、发射极和集电极,如图 6-15 所示。

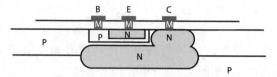

图 6-15 金属接触的剖面图

俯视一个典型的 NPN,能看到的仅仅是三条分别表示了基极、发
射极和集电极连接的金属条。注意两个 N 型接触是互相挨在一起的,
如图 6-16 所示。

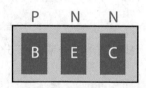

图 6-16 NPN 器件的顶视图,注意中间层的接触位于较远的左边

试着在其中寻找实际的 NPN 管区域。(我的意思是真正的 NPN
管的位置。在阅读下面的内容之前在上面的图中找到它,器件真实工
作的区域,它会是整个器件吗?)

它并不是整个图形部分,是不是?有趣的事都发生在中间部分,
如图 6-17 所示。

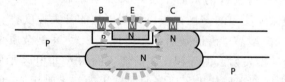

图 6-17 主要在两个 N 区之间产生作用,即在中间部分发生作用

制备纵向 NPN 管往往使用过量的 N 型和 P 型材料,并将它们向
两边延伸,目的是为了得到表面接触。而 NPN 管实际上仅仅在三层
纵向相互重叠区域工作。虽然使用 N 型接触层与埋层连接浪费了珍
贵的芯片面积,但是最终的器件速度是惊人的。

6.5 NPN 管的寄生效应

离子注入的基区延伸出了器件的边缘,超过了真正工作所需的区
域。同时注入区的扩散增大了区域产生了一系列严重的、额外的寄生

电阻,并串联到表面的接触层。

同样,集电区也被推进伸出了边界,并且同时向上扩散,因此,在集电区无疑地会存在一个电阻。此外,在底部还存在着一个我们熟知的 PN 结,这样集电区和衬底之间存在一个很大的寄生电容。

在所有的寄生参数中,最突出的是基区电阻和集电区电容,这些寄生参数将会降低器件的性能。也许有一天我们可以向你展示一些聪明的解决方案,到那时,在你画版图的时候只要尽可能处理好这些寄生效应就行了。但遗憾的是,至今为止还没人提出好的办法。(如果你做到了,请告诉我们。)

6.6　PNP 晶体管

就像在 CMOS 工艺中可以制备互补的 N 型 FET 和 P 型 FET 器件一样,与 NPN 器件对应的互补器件是 PNP 管,如图 6-18 所示。注意这里的集电区和发射区,它采用 P 型半导体取代了 NPN 的 N 型,相应地,基区则由 N 型取代了原来的 P 型。

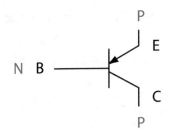

图 6-18　NPN 管的互补器件——PNP 管

箭头代表了发射区中的电流方向,可以看到,PNP 管的箭头方向和 NPN 器件相反。

6.6.1　横向 PNP 管

如果采用纯双极型工艺,那么很容易制备 PNP 管,基于双极型工艺可得到任意想要的注入浓度。

兼容双极型器件和 CMOS 器件的工艺越来越流行,称之为 **BiCMOS** 工艺。BiCMOS 不但提供了 NPN 器件的速度,还结合了基于 CMOS 技术的逻辑功能,从而可以利用在这两个领域中最好的性能。

　　但是,在基于 BiCMOS 工艺制备纵向 PNP 管时,需要用额外的一层来充分地隔离底部的集电区,这隔离层在制造 NPN 管时是不需要的。因此需要在下面多一层 N 型扩散层,作为隔离层。

　　额外添加一层材料就意味着需要更多的工艺步骤,花更多的钱,存在更多的出错几率。所以,虽然有一些 BiCMOS 工艺会提供一个 P 型埋层,但大多数 BiCMOS 工艺不制备纵向 PNP 管,因为基于 BiCMOS 工艺的纵向 PNP 管的制备成本实在是太高了。

　　在大多数 BiCMOS 工艺中,如果需要一个 PNP 器件,一般会采用比较便宜的横向 PNP 管,它的结构很像 FET。一个横向 PNP 管通常包含一个 N 型区(通常是 N 阱),在这个 N 型区内又包含一个 P 型区和一个 P＋区,这些都是横向的,如图 6-19 所示。

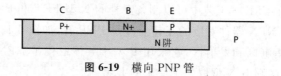

图 6-19　横向 PNP 管

　　如果采用了横向 PNP 管,那你可以在一次制备过程中构造两个管子,这样可以降低阱中的串联电阻。横截面图说明了 PNPNP 的结构,其实是两个 PNP 管共用了中央的一个 P 型区,如图 6-20 所示。

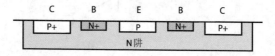

图 6-20　既然你使用了 PNP 管,那么它很可能是横向的;这儿是
PNPNP 结构,有效地将两个 PNP 管合二为一

　　俯视横向 PNP 管,你会看到有 P 型杂质、N 型杂质和 P 型杂质组成的三个同心圆,而不像简单的 FET[②] 那样的只有一些直条。你甚至还可以将二合一的 PNPNP 做成环状,如图 6-21 所示。

　　一些人用 N 型掺杂的多晶硅替代注入了杂质的发射区,与注入深度较浅的掺杂相比,N 型掺杂多晶硅提供了较低的电阻。

　　这下明白了吧! 基本的双极型互补开关管——NPN 管和 PNP 管就是这样制备的。

---

②　如果我说它们是圆,那就是圆,此时不要太介意那些很尖的拐角。

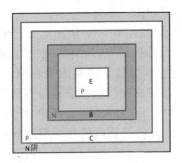

图 6-21　PNP 管的环状版图

6.7　双极型晶体管版图与 CMOS 版图的区别

CMOS 的源漏区有着奇特的共用和互换特性，经常容易混淆。与 CMOS 不同，双极型管的放置和连线是固定的，从这一点说，双极型晶体管的版图更简单。

因为双极型晶体管通常用于高精度的模拟电路或者高频-高精度的模拟电路中，所以必须学习处理下面这些新问题，譬如，连线问题，器件之间相互的位置关系和高频的耦合串扰等问题，而这些问题都是非常重要的，而且往往比你预料的要多得多。（在我们合作的另一本书中说明了这些问题以及其他的一些基本论题，那本书的内容更深一些。）

6.7.1　设计规则的数量

仅有丰富的 CMOS 技术背景的版图设计师转向双极型器件版图设计往往比较困难。CMOS 技术需要许多设计规则，所以版图设计者在设计版图之前必须彻底理解这些规则。但是，由于双极型器件已经预先为你构造好了，而且一般不存在器件区域共用的问题，所以只需要很少的规则就可以完成设计工作。

有时候你会对这种情况束手无策，当你基于双极型工艺放置几个单元以后，你的神经或许会崩溃，因为所给的设计规则似乎太少了。这样，你会很想去办公室寻找那些你认为一定存在的设计规则。你也会怀疑老板是否清楚他在谈论的东西。

例如，如果在 CMOS 工艺中要实现源漏区共用，你需要知道接触孔到栅极的最小距离是多少，栅极伸出有源区的距离是多少，隔多远设置一个阱连接点。这样你必须密切了解 CMOS 电路的设计规则，理解这些规则也是你工作的一部分。

在双极型技术中,仅仅给你一个预先定义好的版图块,然后告诉你"嘿,所有的规则都帮你做好了。"在你习惯了这样的设计以前,因为寻找更多设计规则的这种想法始终在困扰着你,它会使你身心疲惫。双极型版图设计的新手常常会局促不安地坐在椅子上,会问这样的问题:"设计的规则是什么?"或者"我需要考虑多少条设计规则?"事实上,所有你所需要考虑的仅仅是埋层与埋层之间的最小距离是多少,埋层反扩散的距离是多少,这样,埋层就成为最需要保持距离的材料。

一旦决定了埋层之间的最小距离,那么在版图中剩下来只需考虑金属的连线规则了。所以,如你所见的那样,双极型版图设计比CMOS版图设计更加简单明了。

从我培训其他人的经验中得知,CMOS电路的设计工程师最害怕的就是不确定,而非常习惯于掌握30～40条规则,所以每当我对他们说"好了,你们仅仅需要对晶体管进行布局,然后将它们连起来"时,他们的脸上都会出现疑惑的表情。

"但是我需要知道30～40条的设计规则呀!"

"不,不需要,只需要知道4、5条就可以了。"

一旦你对只用4、5条规则来设计版图不再感到疑惑时,你就会对布置晶体管更有信心,你的工作也会变得更有创造性。与其花那么多精力来考虑设计规则,不如运用你的创造能力来优化互连、对称、匹配以及寄生效应等③。

双极型器件版图设计人员需要比CMOS版图设计者对电学、电子和电路技术等有着更多的了解。虽然并不是多很多,但是电学知识都会给你很大的帮助。对于CMOS版图设计者来说,与理解电路功能相比,理解设计规则就显得更为重要。

在CMOS版图设计中,考虑更多的是设计规则。

在双极型版图设计中,考虑更多的是电路功能。

在双极型版图中,电路的功能显得尤为重要。你应该考虑电路在

③　可以参考我们合作的另一本关于版图设计技术的书。我们努力使每本书都很便宜,确保你可以同时拥有这两本书。记住在每本书上都写下你的名字,防止别人有借无还。

干什么,是怎样工作的,而不是考虑诸如扩散区与栅极距离是否太近之类的问题。你还应考虑是否要把发射极面积变大以使这个器件和电路另一端的其他器件相匹配,通过版图的信号是否符合要求,等等。

由于你设计的是高频电路,所以比起那些扩散规则,你需要更多地注意电路的功能。

6.7.2　黑匣子式的布局

大多数的双极型器件不能像 FET 那样简单地建模。因此,不能像设计 CMOS 版图那样,随意拉伸或者倍增器件的长度或宽度。双极型工艺会给你 4、5 种,或许 10 种固定器件供选择,这些器件的模型都是建好的,你不能随意改变这 4、5 种或 10 种给定的黑匣子。他们会告诉你这些器件是如何工作的以及周期如何。你不需要考虑扩散问题,也不能拉伸器件。双极型晶体管对你来说就像是一个具有魔力的但又不可及的长方形黑匣子。

了解黑匣子的内容对理解正在设计的版图是很有用的,一旦你理解了这个黑匣子,那么版图设计就成为连线、连点的练习了。当然,肯定有人已经设计并测试了这个黑匣子,了解了器件的布局,扩散等问题,掌握了所有的工作情况。当然,当由你去创新设计一些双极型器件时,了解双极型器件的工作原理就显得非常有用了。

结束语

在我的一生中,主要从事双极型版图的设计工作,因此,我讨厌设计 CMOS 版图,因为它要遵守那么多的规则,就像脖子被卡住那样的痛苦。

你会发现电路设计者更加重视双极型版图,因为这些电路包含了功能和频率问题。在 CMOS 电路中能侥幸成功的事情,在双极型电路中绝对不可能,就像这种想法,"噢,这里没有空间放置这个晶体管了,我可以将它移到边上去。"

电路设计者会一直鞭策你,他会说:"我不关心你是不是有足够的空间,这个晶体管一定要挨着那个管子,因为从晶体管 1 的集电极到晶体管 2 的发射极的连线必须尽可能的短,那段线的长度对电路的工作非常关键。"

当然,随着 CMOS 电路频率的上升,其版图设计也越来越关键,但是,一般的 CMOS 电路仅仅是"将它们排列得尽可能紧密",考虑一些电流密度规则和方法就行了。相比而言,双极型版图的设计更富有创造性。

各公司努力寻找有双极型模拟电路版图设计经验的员工,这些人通常比只懂简单的 CMOS 版图设计的人获得更多的薪水。但有着丰富的双极型版图设计经验的人实在太少了,所以一旦公司找到了这种人,他们将会受到更多的关注,尤其是那些有着高频电路设计经验的人。

本章学过的内容

在本章中,你看到了以下内容:
- 利用纵向夹层来减小电容
- 采用较薄的材料层提高开关速度
- PNP 管需要特别的工艺来处理隔离问题
- NPN 管的工作原理
- 发射极、基极和集电极
- 纵向晶体管的结构
- 对于埋层接触区的注入
- 由两种横向方法构造的 PNP 管的缺点
- 对于具有 CMOS 版图设计经验的读者的建议

......

第7章

二 极 管

7.1 内容提要

在本章中,你将看到以下内容:

■ PN 结二极管
■ 二极管的几种构造方法
■ 二极管的几种不同应用
■ 将晶体管作为二极管使用的原因
■ 如何防止电压击穿损坏芯片
■ 二极管典型形状的一些变化

……

7.2 引言

这一章十分简单,正如大家所见到的那样,二极管只不过是一个 PN 结。

集成电路中随处可见注入 P 型杂质和 N 型杂质的区域,因此它们中的任何一对都可以用来制造一个二极管。但是,某些 PN 结组合比另外的一些组合更适用,PN 结的适用性取决于掺杂、注入的深度以及其他一些因素,并不是所有的 PN 结都相同。

正如前面所讲的那样,电流仅能从一个方向通过二极管,利用这个特性,二极管可以用于器件之间的相互隔离。本章将介绍这种单向导电特性的一些新应用。

7.3 二极管的种类

"如果在 P 型衬底中注入 N 型杂质会怎样呢?"大家显然更希望采用比随机注入更好的方式来控制二极管,因此我并不认为 PN

结都是这样简单的情况。事实上,人们已经发展了一些制备二极管的方法,从而实现对二极管的有效控制。

你希望二极管做什么呢? 你希望它怎样做呢? 在你的设计中,它怎样和其他器件一起工作呢? 你需要双极型晶体管或者 CMOS 晶体管吗? 这些问题的答案将决定你如何构造二极管——哪些用 P 型,哪些用 N 型,怎样设计版图,是否包括附加的晶体管元件,等等。

7.3.1　基本二极管

制备 PN 结的一个最简单方法是在 P 型衬底中掺入一些 N 型杂质,如图 7-1 所示。然而,该结构的可控性并不理想,因为 P 型衬底的掺杂浓度未必和你所设想的完全一致,当然,如果注入的杂质浓度合适,就可以制造出一个有用的二极管。

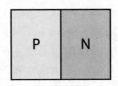

图 7-1　二极管是一个 PN 结,在 P 型衬底中注入 N 型杂质是最简单的制备方法

基本二极管的应用

很多电路都需要二极管,尤其是模拟电路。在 CMOS 工艺中,二极管对提供参考电压、温度补偿以及温度测量等都非常有用。例如,提供芯片温度反馈的二极管,当应用在某种特殊的电路中时,可以根据芯片工作时的发热量来提高或降低其功率。

作为二极管应用的另外一个例子,你可以用基本二极管制作一个对数放大器。将二极管接入运算放大器的反馈回路中,原来由电阻构成反馈通路的线性关系变成了对数关系。

7.3.2　由双极型晶体管构造的二极管

在双极型晶体管电路中,二极管的选择依赖于电路技术,可以用双极型晶体管作为二极管,这样就不必再像以前那样用一大块 P 型或 N 型材料来构成基本的二极管。

还记得上一章介绍的双极型晶体管 NPN 管吧:集电极、基极、发射极。其基极/发射极之间的 PN 结就是一个二极管,所以,可以将这个结作为一个二极管来使用,如图 7-2 所示。

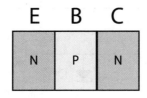

图 7-2　晶体管由 PN 结构成,事实上也可以将晶体管的
一部分作为二极管

有时我们需要二极管的电特性与双极型晶体管相同,用以跟踪晶体管的特性。但是衬底上制备的常规的、简单的二极管,其电特性并不一定会与所跟踪的双极型晶体管特性相同,因为它们制备的步骤有着很大的差异。所以,当跟踪一个双极型晶体管特性的时候,需要使用另外一个晶体管。然而,你只用了双极型晶体管的基极和发射极部分作为二极管跟踪特性。因为我们制备的是一个完整的基极/发射极/集电极晶体管,但这里仅仅用到了基极和发射极,所以就必须对集电极进行一些处理,一般都是将它和基极短接,如图 7-3 所示。

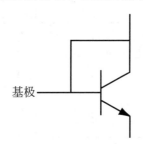

基极

图 7-3　短接集电极,得到了一个由基极/发射极
构成的二极管

由双极型晶体管构造的二极管的应用

让我们进一步研究那个跟踪的例子。现有一个很小的电路——由一个双极型晶体管和一个与其发射极相连的电阻构成的电路。我们要测量通过右边电阻 R_2 上的电流。但是,任何跨接 R_2 的测量都会对电路产生影响。如果可以在别处模拟这个电流,那么就可以在不影响原来电路的情况下进行测量了。

如图 7-4 所示,如果在基极和地之间连接一个二极管 D_1 和一个类

似的电阻 R_1，这样就可以测得 R_1 两端的电压。其中二极管的特性和 Q_2 中基极/发射极之间的 PN 结的特性相同。

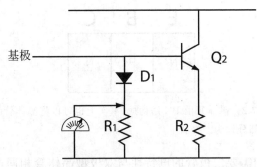

图 7-4 挑战：在不影响原来电路的前提下测量 R_2 两端的电压

现在继续改变电路，用一个双极型晶体管构成的二极管代替那个基本的二极管，如图 7-5 所示。因为这个由双极型晶体管构成的二极管与 Q_2 的制备材料和制备工艺都相同，假如它们在芯片上又靠得很近，那么这个二极管和晶体管 Q_2 的特性相同。

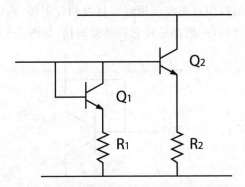

图 7-5 采用双极型晶体管构成的二极管进行特性跟踪的例子

这正是我们所需要的。在芯片的其他地方模拟了 R_2 的特性，这样就可以在新器件上测量与 R_2 相同的特性。现在，我们就知道了如何解决实际电路的测试问题了，而且决不会影响到原来的电路。

从版图设计的角度看，你可以采用两种方法的任一种来制备这个跟踪二极管。一种方法就是利用一个常规的晶体管，并将其集电极和基极短接。

作为一种选择，你可以利用一个双极型晶体管版图，从中省略埋层、集电极和它的接触层，如图 7-6 所示。

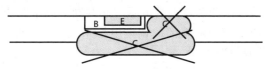

图 7-6　双极型晶体管的版图去除埋层,集电极和接触层便构成跟踪二极管 *

这种方法需要再解释一下,以便对这个问题有更深的理解。

虽然去掉了集电极,但是由于与所跟踪的器件具有完全相同的材料和工艺,因此,采用双极型晶体管的一个 PN 结作为跟踪器件仍是有效的,如图 7-7 所示。当然,尽管这种方法提供了一个跟踪二极管,但因为缺少了某些部分,它和双极型晶体管并不是完全匹配的。

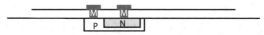

图 7-7　省略了集电极,节省了空间,但是我们可以相信一个缺少了部分要素的跟踪器件的特性吗?

所以,尽管会占用更多的空间,但人们一般都会把集电极保留下来并采用短接的方法来确保更好的匹配性。通过使用两个完全相同的晶体管,确保了两个器件的性能完全相同。当然,由于集电极的出现,和使用一个基本二极管相比将存在更大的寄生效应。

从版图设计来讲,没有更多的版图设计问题了,按照需要简单地将它们连接起来即可。

7.3.3　变容二极管

另外一种有用的二极管是**变容二极管**。根据所加电压的不同,变容二极管具有一个可高度变化的结电容。虽然所有的二极管都具有变容特性,但是在变容二极管中,我们采用了特殊的掺杂来进一步增强这种可变电容的特性。

二极管的电容值取决于存在的电子和空穴的数量。当你增加或者减少所加的电压时,半导体中的电子和空穴就会被所加的电压所吸引或排斥,电势的势垒高度会增加或降低,半导体平行极板离开得更远或靠得更近。正如在电容那一章所述,电容的值与两个极板之间的距离是成反比的,因此,电容随着所加电压的改变而改变。

变容二极管的应用

变容二极管在构造压控振荡器时非常有用。利用变容二极管电

---

* 译者注:图题中“埋层”为译者所加,原书图题中无“埋层”,与前文不符。

容可变的特性,可以和芯片上的电感一起共同形成串联或并联的谐振电路。这样,如果用一个外部的调谐电压来改变二极管的电容,就可以改变电路谐振频率。

7.4 ESD 保护

在 IC 中,二极管的一个有用的特性是 **ESD** 保护,即**静电释放**保护。如果我们整天穿一件由 90％尼龙制成的外套,当你拿起一块芯片的时候,你的手指可以感觉到一个尖锐的高压电击。这些电击电压可以高达几千伏特。由于器件的氧化层非常薄,在这种高电压的轰击下,器件将会被损坏。

还记得我们曾经讨论过关于二极管的反向击穿特性吗?事实上,我们就是要利用这个反向击穿特性。下面将看到这到底是怎么一回事!

图 7-8 是由单个晶体管构成的电路,在没有保护的情况下,给这个晶体管一个高电压,那么栅氧化层将会被击穿。

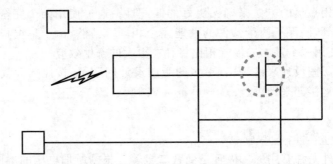

图 7-8 高压电击!当拿起芯片的时候,静电释放毁掉了薄栅氧化层

你可以在晶体管前放置两个二极管,如图 7-9 所示。

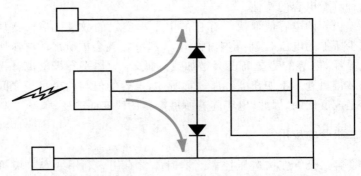

图 7-9 二极管在反向高电压下将导通,形成对高压静电电流的泄放通路,这样,栅将不会遭到破坏

即使是采用纯 CMOS 工艺的条件,也可以利用 CMOS 晶体管本身制备 ESD 二极管,它们以晶体管的形式出现,如图 7-10 所示,但由于仅仅用到其二极管的特性,因此称它们为二极管。

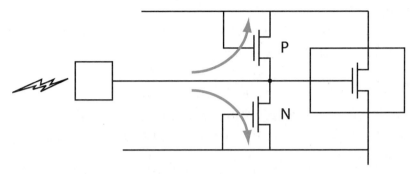

图 7-10 将晶体管作为 ESD 保护二极管

当你拿起一个芯片,足以引起击穿的静电荷通过下面的那个二极管,以从上到下的方向从芯片引脚到负电源端被释放掉,这样,能量被释放了,没有任何的放电电压会到达晶体管的栅极。

ESD 二极管保护电路的原理是在下一级电路遭到严重破坏之前,二极管上电压已经达到了反向击穿电压。二极管的反向击穿电压大约为 12V。一旦 PN 结开始击穿,它就会像导线一样自由地导通电流,如图 7-11 所示。这样,当电路受到一个高压静电作用时,静电电流更容易通过二极管流入一个错误的通路,而不再流进下一级电路。

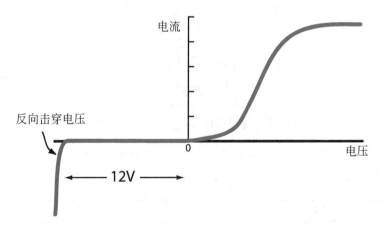

图 7-11 当对二极管施加一个反向击穿电压时,二极管将充分地导通,注意,是反向导通

在二极管的保护下,晶体管栅极的最大电压被钳位在 12V,所以,晶体管和线路上的其他器件不会受到比这个值更高的电压。当电压回到正常的水平时,二极管又回到了本来的功能而不再起导线作用了。

因为引入了很高的电压,ESD 二极管需要非常小心地设置。任何一次高压击穿都可能毁掉一个好的电路。

衬底 ESD 二极管

优秀的 ESD 二极管版图都和能量流有关。现在,或许你已有了一个由衬底上的 N 型和 P 型半导体组成的二极管版图,如图 7-12 所示。

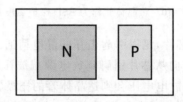

图 7-12   由衬底中的 N 和 P 形成的二极管

为了尽可能多地泄放流入或流出二极管的能量,一些人将二极管画成环形结构。用环型的 P 接触围绕 N 接触,这确保了各个方向上释放的能量可以在尽可能短的时间内被收集,如图 7-13 所示。这是好方法,它确保了在各个方向上都存在电流通路。

图 7-13   环形结构使 PN 结面宽度最大

从侧面看,我们可以看到 P、N、P 这三个部分,如图 7-14 所示。

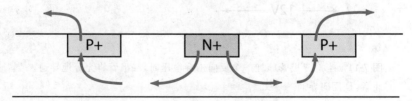

图 7-14   衬底环形二极管的横截面图

当环形二极管遭到高压冲击时,能量从 N 接触处进入,要做到这一点很简单,难的是将这些能量尽可能快地耗散掉。因为有 P 环包围 N 输入,这样高压静电的能量就有很多方向可以传输。这就是环形结构的优点——可以有许多通路让能量离开芯片。在 P 型衬底上做 N 型掺杂形成 ESD 二极管的结构被普遍地用于 ESD 保护。

在 CMOS 工艺中,衬底二极管是免费制作的,不需附加的工艺成本。它利用的是已存在的扩散层,因此二极管版图也是在相关层上。

N 阱 ESD 二极管

通常,在芯片上会存在 N 阱,利用这个 N 阱,可以在中央注入 P,周围采用 N 型环包围,如图 7-15 所示。这种二极管和衬底环形二极管的道理是相同的。

图 7-15　利用 N 型掺杂区包围 P 型掺杂区从 N 阱引入高压静电

如图 7-16 所示,从侧面看这个二极管,与衬底二极管的横截面很相似。但是,N 和 P 掺杂位置正好相反。注意,现在电流的方向也与原先相反。

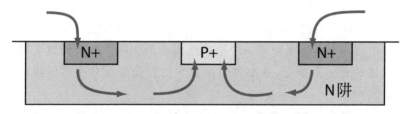

图 7-16　N 阱环状二极管的横截面

这样的二极管称为**阱二极管**。阱二极管的典型应用是形成从输入到正电源的保护通路。从前面讨论可知,衬底二极管的典型应用是形成从输入到负电源的保护通路。

某些双极型晶体管的研究者,对于到正负电源的通路都使用阱二极管。他们并不想要耦合芯片上的所有信号到衬底,而更想将其限制在一个已知的空间里,这个空间就是 N 阱。所以,要根据不同的电路应用来使用 N 阱二极管,如考虑电路的频率等。

每个输入和输出的引脚都需要 ESD 保护。因为谁也不知道拿起芯片时会碰到哪个部分——边角、中间还是侧面？因此,一个受到很好保护的芯片在每一个引脚上都会有一种 ESD 保护。

在每个引脚上都放置 ESD 二极管也有一个缺陷。ESD 二极管可能会毁掉一块芯片的优良性能。想象一下,假如芯片有一个很敏感的输入引脚并且有一些噪声很大的输出引脚,ESD 二极管将通过衬底和 ESD 二极管的电容将输出连接到输入。因此,在高频电路中,如何应用 ESD 二极管将是一个很大的问题。

随着频率的增加,电容阻抗变低。所以,随着电路频率的提高,从阱到衬底的电容几乎将所有的输入和输出相互连接起来。这样,在一些高频电路中,你可以看到人们在电路版图中故意不放 ESD 二极管,但在规模庞大的 CMOS 微处理器中,ESD 保护是一个需要重点关注的问题。

7.5　特殊版图结构

下面是两种特殊的版图结构,是你在设计二极管版图时需要记住的版图。

7.5.1　圆形版图

如果你曾经接触过高压发生器,例如避雷装置,你就会意识到高压集中到一个点时就像是一个会突然爆发的尖峰。如果仍然采用前面描述的正方形版图,在那些电荷集中的拐角处就存在电压剧增的危险。

一个理想 ESD 二极管的形状应该是圆形的(一个真正的圆形)。由于没有尖角,从而防止了高电压和电流破坏二极管。

圆型版图能够很好地牵制电压尖峰。因为没有拐角,电流就不会在任何一个固定点上聚集。

CAD 工具并不能画出真正的圆,数学计算限制了软件性能,如图7-17 所示。当需要一个圆的时候,你也许得画一个方形,画一个在你的容许范围内最接近的方形来代替圆。

多边形就像正方形一样,常常被用来近似圆形,边越多,接近的程

图 7-17　一些版图工具不能画出真正的圆

度越好。但一些 CAD 工具不允许除了 45°和 90°以外的角度,这使得你对圆的近似很粗糙。当然,也有一些工具可以画出完美的圆。

7.5.2　梳状结构二极管版图

有时候在一些特殊的二极管中,例如 ESD 和变容二极管中,可以看到一种梳状结构的版图,它与前面所讨论的细长 CMOS 晶体管版图很相似,如图 7-18 所示。同样,你可以将又长又细的二极管分割成单独的小块,然后把它们排列起来并用导线并联。

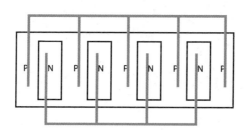

图 7-18　一个细长的二极管分割为梳状结构的版图

分裂二极管可以降低电阻,同时又不改变芯片的实际特性,这就提供了一种更易控制的、更紧凑的版图设计。

结束语

通常,只需从元件架上取下一个标准的二极管就可使用。现在你已明白了为什么需要这些二极管和怎么制造它们。与其他器件一样,你也许会被要求在基于某些标准下用新的工艺制备出新的二极管,如果不从工艺的观点来理解它,就没有线索,你会感到困惑。我想你现在不会再困惑了吧。

这就是二极管,不是魔术,去控制它吧!

这一章很简单,不是吗?

本章学过的内容

在本章中，你看到了以下内容：

- 用 PN 结作为二极管
- 基本二极管、反馈回路和对数放大器
- 采用晶体管作为二极管进行电压的匹配和跟踪
- 振荡器和变容二极管
- 形成对正负电源通路的 ESD 保护
- 环状结构
- 近似的圆形版图
- 梳状版图

……

第 8 章

电　感

8.1　内容提要

在本章中,你将看到以下内容:

- ■ 电流与磁场之间的关系
- ■ 高频应用下的电感磁阻
- ■ 高频传输特性
- ■ 帮助信号绕过拐角
- ■ 尖角对数学模型的影响
- ■ 螺旋线的自感
- ■ 器件寄生效应的同步协调
- ■ 高频扼流器
- ■ 变压器的实现
- ■ 布局问题

……

8.2　引言

　　随着高频集成电路的快速发展,诸如电感之类的布线特性,都需要进行特别的考虑。对于数字信号领域而言,这其中的许多考虑都是非常陌生的,因此,可以看到,许多人正着眼于模拟技术,以求找到处理高频电路的工具。有句话是人们经常挂在嘴边的:"数字世界即将到来,模拟电路将日渐消亡",其实这句话是不对的,而且是大错特错。

　　模拟技术不论何时都是必需的。事实上,我对学习电子学的人们想说这么一句话:"忘记什么数字世界,来学习模拟电路吧!

这会是你一生的工作!"诚然,某些设计者必须掌握数字电路知识,但对于模拟电路,你也许需要花三个月的时间来设计 10 个晶体管,而与之相对的是,在三个月的时间里,你可以设计含有 1200 万个晶体管的数字电路。设计 1200 万个晶体管是如此之容易,这只不过是一种复制的工作,这些工作让别人去做吧! 还是来做模拟电路吧!

闲话少说,下面进入正题。

8.3　基本电感

无论何时,只要有电流流过导线,在导线周围就会产生磁场。同样,如果在导线附近存在磁场,就会在导线内感应出电流。电流与磁场总是同时发生的[①],如图 8-1 所示。

从**右手定则**中可以知道所产生的磁场方向。用你的右手握住导体,拇指指向电流方向,那么你其他几根弯曲的手指就可模拟磁力线的指向。这个定律又被称为 **Hitchhiker 定律**。如果电流方向相反,则在附近的导线上可以看到相反的效应。

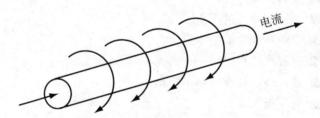

图 8-1　电流与磁场的相互感应

如果导线上有电流,那么它产生的磁场会使附近导线产生电流,即第二根导线会感应出电流,这称为**电感**。

在集成电路中,即使导线很细,在这些导线之间,也会发生这种感应的电流转换。在集成电路中,不管电流流向如何,都会产生磁场,相应地,这种磁场也会使附近的导线感应出电流。

磁场不仅会与周围的 IC 器件相互作用,而且会对导线本身的电流产生影响,这种现象称为**自感**。当电流流过时,磁场会产生一个抑制电压,它会阻碍产生该磁场的电流流过。

---

　　① 你有没有想过,这种奇怪的现象为什么会发生呢? 反正这个问题一直困扰着我。我想知道,磁力在相隔一段距离后是怎么推动电子运动的呢? 磁力是怎么知道哪里有电子的呢? 而电子又是怎么看这个力的? 当它们受到磁力作用时是怎么感觉到的呢? 而我们在这个大宇宙中会不会就是这么一个电子呢?

稳定的直流电流会产生静止的磁场。静止的磁场对其他导体虽然有影响,但不会在这些导体中产生电流。

试试看

做一个线圈,将其连到电压表上,测量它两端的电压。你会发现它两端电压为零。然后将一个永磁体放在线圈边上,再测其两端电压,发现其压降仍为零。

慢慢转动线圈附近的磁体,如果电压表的灵敏度足够高,而且线圈足够大,则会发现电压表上的数值会有很大的变化,这就是发电装置的基本原理。

参考第 7 章介绍过的交流特性,可以看到电容与频率的关系十分密切,当电容上的电压频率增加时,电容传导电流的能力就会加强,但电感的特性与之不同。

当电感上的电压频率增加时,电流频率亦相应增加。然而,正如上面线圈实验所看到的一样,变化的磁场会感应出电压与电流,感应出的电压和电流与其原来的电压、电流方向相反,这样原来的电压、电流会被抵消掉一部分。频率越高,这种效应就越严重,流过电感的电流就越小,如图 8-2 所示。

电感阻碍高频通过。

电容对高频来说是通路,而电感则会阻碍高频信号通过[②]。

特别是在一些高频电路中,你有时想在某个位置阻碍某些频率的通过,那么电感可为你实现这个目的。

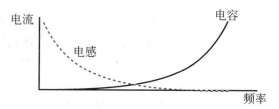

图 8-2 随着频率的增加,电容可使更多的电流通过,而电感则会阻止更多的电流通过

---

② 电感对 DC 电流不会产生任何影响,因为电流不发生变化,因此 DC 电流可以顺利通过电感。

8.4 传输线

如图 8-3 所示,用一根导线将一组版图与另一组版图连接起来。将一个高频信号沿着导线,从这一组传送到那一组。如果你测量信号的幅度,可以发现原始信号的幅度会比在导线另一端接收到的信号幅度大。

图 8-3 接收的信号频率相同,但幅度变小了

信号的频率相同,但幅度变小了,这是为什么呢?

8.4.1 直线特性

首先考虑导线有电阻。由于电阻对电压有分压作用,电阻的存在会降低一部分信号电压。然而,当增加信号频率后,幅度的衰减比由导线电阻分压而造成的衰减更大。当然,这个原因你可以猜得到,就是导线上也存在一些电容和电感。当频率增加时,这些电容与电感的作用将变得更加显著,这也就是要介绍前一节内容的原因。

如果信号中包括多种不同的频率,比如音乐信号,那么各种频率的信号在幅度上的衰减是不同的。如果信号发生器是一个 HiFi 放大器,与扩音器相连的导线则会对我们听到的声音有影响。对于更高的频率,不同的扩音器对其衰减也是不同的。

集成电路中的导线存在相同的问题,那就是导线的寄生电容、寄生电感与寄生电阻会对高频信号产生显著的影响。然而,我们可以对导线进行特征化,并调整电路以补偿这种损耗。这些被特征化的导线称为**"传输线"**,如图 8-4 所示。将所需要的信号从导线的一端传输到导线的另一端。

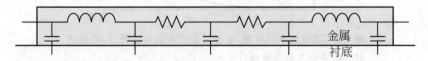

图 8-4 传输线上的所有寄生现象,这就像狗身上的跳蚤一样

IC 传输线就像国家电力网中传输功率的电缆一样,都是将能量从一端传送到另一端。

如果你想将信号从芯片上的一端传送到另一端,你就需要使用传输线。如果信号的频率是 1800MHz,而特征化的传输线只支持到 300MHz,那么,如果使用这种传输线的话,你不知道会发生什么情况。必须确保传输线模型与你想使用的情况相一致。

那么,集成电路中的传输线看起来像什么呢?事实上没什么不同,最简单的样子就像一根规则的普通导线,但是就如上面所看到的那样,它的寄生效应导致了与普通导线有着很大的区别。

典型传输线的宽度应大于最小线宽,且使用最低电容的金属层,通常采用工艺中的最后一层金属。在一些 IC 工艺中,要求其他结构或金属应位于主导线下面,以便使传输线具有更好的可重复性。绝大多数传输线都被特征化为指定宽度的直线段,而其长度可变。

8.4.2 拐角特征化

不幸的是,集成电路中不可能全部都使用直线,必须引入拐角以避免与版图中其他电路块相冲突,但每次使用拐角来避免冲突时,都会破坏特征化传输线的性能,如图 8-5 所示。

幸运的是,高频电路只有很少的一部分导线必须视为传输线对待,但尽管如此,折弯的确会带来一些问题。

在电路仿真中,对传输线的近似方法之一是:将这些线看成是一系列独立的、直的传输线。因此,折弯线的每一段都可以被孤立地处理。这样产生的数学模型是相同的,而不管拐角的数量。

另一种有益于数学表述这些拐角的方法是:测量拐角线的中心线长度,再将它用一个等长的直线段来模型化。同样,从数学角度上看,拐角本身消失了。

测量结果表明,这两种近似的方法并不理想。那么为什么还要做这种假设呢?

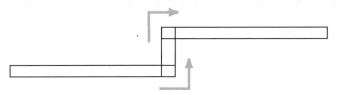

图 8-5 有没有试过穿着干净的绒袜,在新的、打了蜡的油性地板上,快速地转过一个墙角?电子也类似,它们也会碰壁

试着沿一条导线传输能量,当能量沿着导线传输的时候,它很快就会撞到拐角处,有些能量可能会沿着与前进路线相反的方向反射回去,就像光照在镜子上一样,信号的能量在拐角处会被反射回去,如图8-6所示。

图 8-6　墙面反射电流

在高频系统中,通常需要考虑信号能量的电磁辐射,一个信号能量的类比例子是光在光纤中的不断反射③。

对光波的知识有助于对能量通过拐角的行为的理解。我们可以把拐角的角度变为45°,因为这个角度有助于将能量反射到相邻的导线段中,这与潜望镜中使用的光反射原理相同④,如图8-7所示。

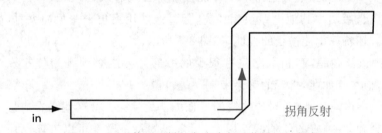

图 8-7　可以使用这样的角度来帮助能量通过拐角

对所有的高频集成电路来说,这是一个十分有益的版图设计技巧。几乎在所有的微波频率的集成电路中,都可采用这种技巧。

一些设计者可能会做得更充分,除了将直线段模型化为传输线外,还将拐角作为一个独立的器件进行模型化。

如图8-8所示,我们可以把这根导线看成是三个器件模型组合:水平的传输线、拐角以及竖直传输线。这种模型方法更精确。

---

③　Chris利用了光学反射的现象。我则将电流比作流过水管的水。我的物理老师让我们做过许多波动槽的实验。我现在非常渴望画这些电路。——*Judy*

④　使用一些小镜子,一些纸做成的管子,可以教你的孩子如何做间谍活动。

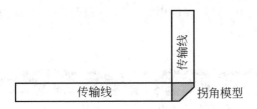

图 8-8 单独对拐角建模，以使计算更准确

8.5 螺旋电感

电感是一种十分有用的电路元器件。但是为了要得到所需的电感量，导线可能会相当长，因此可以通过制作螺旋电感的方法来节省空间。**螺旋电感**从字面上看就是将导线绕成螺旋形状，如图 8-9 所示。

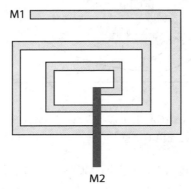

图 8-9 螺旋电感，第一块螺旋电感的版图结构可以追溯到中美洲的史前洞穴壁画[⑤]

将导线绕成如图 8-9 所示的螺旋形也可带来另外一种好处，这就是在螺旋线中，每一圈形成的磁场会与其他圈产生的磁场相互作用，使总的电感比相同长度直导线产生的电感量大，这种相互作用称为**互感**。

螺旋电感并不能用带拐角的传输线来建模，而只能作为一个整体来建模。

螺旋电感的确需要很大的面积，请注意你的版图面积。

螺旋电感金属层性质对器件性能有严重影响。电感的金属层很

---

⑤ 一些人认为这是外星球高等智慧生物的实验，当考古学家探察了画有所谓简单电路的岩穴后驳斥了这个论点。

薄,就会有寄生电阻,金属的电阻特性会影响电感的 *Q* 值。下面将讨论电感的 *Q* 值问题。

8.6 电感品质因子

在所有频率下都理想的电感是不可能制成的,寄生电阻与寄生电容会对电感性能有不利的影响,如图 8-10 所示。在低频时,串联电阻会使电感偏离理想的频率响应;在高频时,寄生电容又会使电感偏离理想的频率响应。对于给定电感,它的性能在某一个频率点可达最好,而理想电感则是在所有频率点的性能都是一样的。

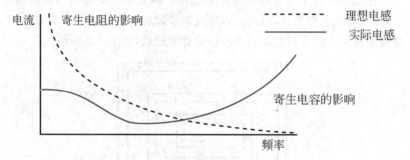

图 8-10 影响电感性能的也许是电阻,也许是电容,不存在在所有频率点上性能都完美的电感

通常认为电感的 *Q* 值与相应的频率点对应。电感的 *Q* 值是衡量电感好坏的尺度,它告诉我们在频率点上,电感的寄生效应如何。

_Q_ 值为 40 的电感性能较优——寄生效应很小。
_Q_ 值为 5 的电感性能较劣——寄生效应很大。

如何减少寄生效应,提高 *Q* 值呢?
- 螺旋线的串联电阻较易于减小。正如前面提到的,可以使用最厚的、电阻率最低的金属来制作螺旋电感。
- 采用较宽的金属线也可以提高 *Q* 值,但不幸的是,金属线宽的增加会使寄生电容增加。
- 根据所采用的工艺,在螺旋线圈下面加入一些结构以减少电容。

在设计电感版图时,要进行许多折中,为此,非常有必要了解你所采用的工艺。

8.7 叠层电感

如果有足够多的金属层,就可以实现所谓的叠层电感。前面所述的都是使用一层金属绕制电感,而叠层电感的实现是:绕线从电感中心连到另一层金属上,然后在原来的电感之上再堆叠一个电感,而绕线的方向与前一个电感的方向相同,如图 8-11 所示。

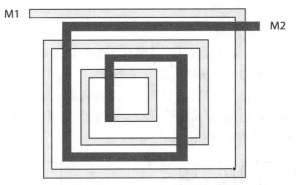

图 8-11　在原来的电感之上再叠放一个电感。[⑥]

因此,若不对它们进行很好的特征化与模型化,你不能真正使用这种叠层电感。记住最好使用现成的,经过准确测量的螺旋电感,而不要尝试用新设计的叠层电感去作电路设计,用这种新的电感去设计电路将有很大风险。

对电感建模是一项十分困难的工作。过去,要得到电感的准确信息,只能是先把它做出来,然后进行实测。只有当你知道你做出来的东西是什么,并知道如何在不同的频率范围内使用它时,你才可以在下一次的电路设计中使用那些结果。

然而,当电感被模型化后,每个电感的实际使用结果都会与模型的结果有所不同。典型例子就是,电路使用叠层电感的工作情况与所期望的并不相同。例如,在离电感很近的地方布上了一根导线,它就可能影响电感的值。

你可以试着在电感上方画上一些导线,再看看你的电路设计者,他们肯定都不愿意。(请看《捉弄电路设计者的 101 个有趣的小把戏》一书。)

---

⑥　一个螺旋电感的 Q 值与另一个电感是连续的,你会发现 Q 值具有连续性。

一些公司也许会给你一个电感库,并告诉你:"这些就是你可以使用的,不要去改它们。"那么,这些就是你在电路设计中真正可以使用的电感元件。

其他一些公司或许会给你一些参数化的电感单元,你可输入电感的几何尺寸,程序会去计算电感量的大小和可能的 Q 值,而这些都是基于前人整理、综合过的模型基础之上的[⑦]。

8.7.1 射频扼流圈

电感主要用于高频电路中,或者作为匹配电路,或者作为**射频扼流圈**。如果你想将一个高频电路与一个低频电路相连接,但又不希望高频信号进入该低频电路,这就需要在通路上放一个电感。这样,低频信号可以通过电感,但高频信号却不能通过,或者说是被扼流了,这就是射频扼流圈名字的来由,如图 8-12 所示。

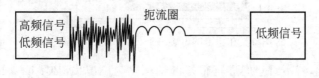

图 8-12 低频信号看上去像处于星系之中那样,存在许多通路,它在任何地方、任何电感上都可以通过,而高频信号却被电感扼流了

你也可以使用电感来制作片上变压器,制作片上变压器时,需要采用两条平行的导线并绕螺旋线圈,如图 8-13 所示。

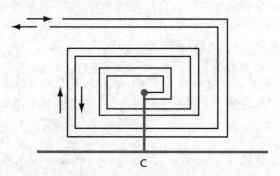

图 8-13 利用连接的螺旋电感线圈制作变压器

---

⑦ 注意,我在这里说的是可能。工程上还不能确保每种应用情况都绝对是准确的。正如在电子学的许多领域一样,还需要我们做更多的工作,而且,这也是我们为什么在这里学习的原因。

这种变压器的电路原理图如图 8-14 所示。需要注意电路图底部的连接引出点。

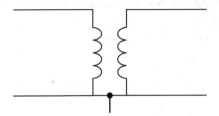

图 8-14 连有螺旋线圈的电路原理图

另一种变压器是由两个完全独立的螺旋电感构成,两个电感互相盘绕,线路上又彼此隔离,如图 8-15 所示。

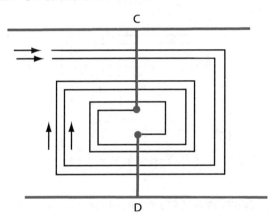

图 8-15 同一方向进行螺旋的电感,且互相不连接

它的电路原理如图 8-16 所示。请注意,在这个电路图中,两个电感并不相连。

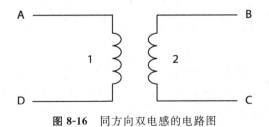

图 8-16 同方向双电感的电路图

这里,螺旋结构及其版图是可以变化的,接下来,让我们研究一下为什么当你在电感上方布上导线时,电路设计人员们不愿意。

8.8 邻近效应

要保证所有的导线都远离电感。因为靠近电感的导线会影响电感量,电路设计人员的精妙设计可能会被这些导线所破坏。

许多经验法则指出了导线离电感的最小距离,有一些设计者认为要保证这个距离有 5 倍线宽,如图 8-17 所示。让我们将这个作为研究的起点吧。

■ **经验法则:导线距离电感至少要有 5 倍线宽这么远。**

例如,如果电感的线宽为 $10\mu m$,则导线和电感的距离不得少于 $50\mu m$。

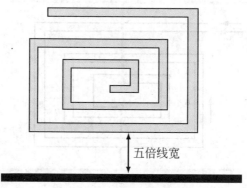

五倍线宽

图 8-17 导线和电感的距离

然而,导线与电感间的这种距离会占用芯片上的很多空间。因此,与你的电路设计者讨论一下,问问他如果将导线与某个电感距离很近时,会出现什么问题? 再问问他,在设计电路时,到底是否应该关心这个距离? 再验证一下,电感是否已很好地被特征化了。

　　要记住不断与你的电路设计者沟通,不能只是记住经验法则,诸如 5 倍线宽,又或者是你在某本经典书籍上看到的就是对的。

　　不论别人以前告诉你应该怎样,或是设计人员的经验告诉你应该怎样,又或是其他什么,这些都不管用,所有的一切都得根据芯片尺寸来定。

　　总而言之,导线离电感越远越好,但由于公司想要更多地获利,你会对尽量减少芯片尺寸感到很大压力。公司会要求让芯片上的元件放置得近一些、更近一些、再近一些。有时,他们也会准备接受导线影响电感性能的事实。但他们开始也只会把它看成是一个意外事故,也许可能想看看到底发生了什么事。但是一旦知道是导线对电路产生了影响后,他们就会把减少芯片尺寸的压力放到其他器件上去。

作为一个版图设计人员,你可以从经验法则出发,但要记住,在版图设计开始时,就需要与电路设计人员讨论这类问题。

电感存在于集成电路的任何地方,每根导线自身都存在着电感。

■ **经验法则**:集成电路中每个地方都存在电感,但最重要的是要考虑电源线。

如果你不关心电感,那么你的版图设计可能会造成芯片的失效。特别要注意电源线,那里通常电流很大,在信号频率较高时,寄生电感特别有害,所以特别要注意你的电源线。

结束语

微处理器的设计人员已经开始考虑以上的各种影响了。高频电路设计比低频或音频电路的设计要困难得多。他们以前是不考虑这些问题的,而无线与微波设计人员对这些效应的认识已经有很多年了。现在的趋势是:数字世界逐渐变得更加模拟化,而模拟世界不再考虑数字功能。

数字设计人员以前并不了解模拟技术。但现在他们不得不越来越多地了解模拟电路,如,传输时延、频率响应以及功率传输。在CMOS 数字芯片中,时钟信号到处都是。随着频率越来越高,时钟频率的能量会转变成微处理器的热能。我们可以看见各个领域的问题开始出现会聚。

在真正的高频版图设计中的一个技巧是让它们变得更加平滑,要让它们变得顺畅,要理解你的电路。想象一下电路的能量在哪里会发生徘徊,如何才能让能量流得顺畅。不要设计信号会出现碰撞的急弯,导线必须要折弯时,画上一个平滑、渐变的拐角。版图上任何突变的图形都会破坏能量的流动。

■ **经验法则：保持平滑。**

在你对高频电路有一种良好的、直觉上的把握之前，你必须花费很长的一段时间去体会高频时电流流动的情况。

本章学过的内容

在本章中，你看到了以下内容：
- ■ 电磁力、电动势
- ■ 电感的频率敏感性
- ■ 高频时的传输特性
- ■ 拐角对高频电流的影响
- ■ 采用传输线与特定拐角的数学模型
- ■ 螺旋电感与叠层电感
- ■ Q 值（电路谐振）
- ■ 高频扼流圈
- ■ 变压器的实现
- ■ 邻近效应
......

术　语

有源区,active(diffusion)——集成电路中用于制作半导体器件的薄氧化层区域,其他区域则为厚的场氧化层。

有源器件,active device——具有特定电响应特性曲线的半导体器件,典型器件如晶体管和二极管。

交变电流,alternating current(AC)——电路中以某一规则的速度交替改变方向的电流。

交流波形,alternating waveform——在正向和负向周期波动的电压波形。

安培,Amperes(Amps)——在米-千克-秒制系统中的电流测量单位。

模拟,analog——来源于单词 analogous,意思是重现,当一个信号通过电路时保持特征不变,未被数字化。

与,AND——一种逻辑函数。只有所有输入都是逻辑 1 时,函数输出才为逻辑 1;只要有一个输入不是逻辑 1,其函数输出就为 0。

退火,annealing——在半导体制造过程中为修复晶格而采取的加热晶圆的工艺。退火可使所有原子松弛并彼此稳定,形成一个更一致的结构。退火的副产品是生长新的氧化层并且使原先集中在一起的杂质材料区域扩散。

天线效应,antenna effect——在多晶硅刻蚀工艺过程中,电荷积累在多晶硅栅上的现象。如果在用作为晶体管栅的多晶硅上有了太高的电压,则栅氧化层将被损伤并将使晶体管失效。

外加电压,applied voltage——跨接在两点间的电压。

原子,atom——物质的基本单元,由原子核与绕核运动的电子组成。

基极,Base——双极型晶体管的端子,用于控制发射极的电流,参见集电极、发射极和晶体管。

贝塔,beta(β)——集电极电流与基极电流的比。β 的变化取决于你如何激励晶体管,有时 β 也以 h_{fe} 表示。

偏置电压,bias voltage——用于保证晶体管处于正常导通范围内的电压。

BiCMOS——在同一晶圆上双极型器件和 CMOS 技术的组合,提供了

NPN 器件的速度和 CMOS 技术的逻辑功能。

双极工艺,Bipolar process——仅仅制作 NPN 和 PNP 晶体管的半导体工艺,通常用于模拟电路制作。

双极型晶体管,Bipolar transistor——同时以电子和空穴工作的晶体管。比 CMOS 晶体管速度快,有两种类型:NPN 和 PNP。

隔直电容,blocking capacitor——用于完全隔断直流的电容器。参见耦合电容。

体(电阻的),body(of a resistor)——电阻器中的主要电阻部分。

键(原子的),bonds(atomic)——晶体结构或分子中保持原子结合的力。

Brains——国际救援组织的技术人才们,分支部门称为"雷鸟"。

断开,break——迫使非相关器件扩散区之间分离且保持一定的距离。当源和漏不能共用时,将器件断开是必须的,每次扩散区断开的结果是使器件分离并浪费了一些电路的面积。理想的方案是消除断开。

CAD——计算机辅助构图(Computer Aided Drafting)的英文缩写,有时也指计算机辅助设计(Computer Aided Design)。其他类似的缩写还有 CAE(Computer Assisted Engineering)、CAI(Computer Assisted Instruction)以及 CAM(Computer Assisted Manufacturing)。

电容量,capacitance——电容存储电荷的能力,以法拉为单位。

电容器,capacitor——在两个平行极板间存储电荷的器件。

电荷,charge——在给定物体上的电子数量,以库仑为单位;可正可负。参见电容量。

化学气相沉积(CVD),Chemical Vapor Deposition(CVD)——沉积材料到硅晶圆上的工艺。通过彼此发生反应的气体混合产生沉积材料。通常是在高温炉管内进行。

扼流圈,choke——一种用于阻塞具有某一频点以上频率的交流信号的电感。

电路规范,circuit specifications——规定被设计电路功能的文件。包括诸如频率响应、工作电流、放大系数、噪声限制,等等。

时钟,clock——在大的数字系统中主要用于同步逻辑变换的周期性波动信号。

集电极,Collector——双极型晶体管的一个端子。在集电区收集电子或空穴。参见基极、发射极和晶体管。

互补型金属-氧化物-半导体(CMOS),Complementary Metal Oxide

Semiconductor(CMOS)——一种使 N 型和 P 型 FET 共同工作的工艺技术。N 型晶体管需要正电压开启,P 型晶体管采用负电压开启。两种晶体管以开关方式工作,但两种器件开和关以严格相反的形式出现,晶体管彼此互补。

计算机辅助构图(CAD),Computer Aided Drafting(CAD)——用于简化工程师工作的设计软件。

传导(电学),conduction(electricity)——在外加电压的作用下电子通过材料的通道。

导带,conduction band——能带图上的一段区域,在导带内的电子具有足够的能量进行传导。

导体,conductor——在外加电压的作用下电流可以在其内流动的材料。某些材料具有良好的导电性,而某些则较差。

接触区,contact——绝缘介质上的孔,通过它,金属可以和其他的有源扩散区或多晶硅连接。

电流方向,conventional current flow——电路中电子流动的反方向。电原理图中最常见的表示。

耦合电容器,coupling capacitor——用于只允许一定交流信号通过的电容器。参见隔直电容器、去耦电容器。

拉晶炉,crystal puller——一种用于生长单晶硅棒基础材料的设备。生长的单晶棒然后被切割成用于制造集成电路的硅片(晶圆),这种单晶生长的方法称为切克劳斯基法(Czochralski method)。

电流,current——在一定时间内通过某一点电荷数的标度。它类似于溪流或河流中的流量,而流量是一定时间内通过某一点的水量的标度。电流以安培或库仑/秒定标。

电流密度,current densities——材料中能被可靠操控的电流量,通常以毫安/微米标度。该值的大小取决于材料导电层的薄层厚度,薄层越厚,能够操控的电流越大。(与在工艺手册中列出的薄层电阻率不同)

CVD——化学气相沉积的表示。

切克劳斯基法,Czochralski method——在拉晶炉内拉制单晶硅棒的方法,这些单晶硅被用于制作生产集成电路的晶圆。该方法以发明该工艺的切克劳斯基(Czochralski)命名。

暗场,dark field——大部分区域被铬覆盖的用于光刻的玻璃掩模。

去耦,decoupling——利用电容减小直流电源噪声的技术,阻止电路间不需要的信号通过。

去耦电容器, decoupling capacitor——用于消除电源高频噪声的电容器。

德耳塔, delta——设计尺寸和实际尺寸之间的误差。在实际情况中，制造工艺并不是如 CAD 工具所设计的那样完美，制造得到的器件经常是明显小于或大于设计尺寸。这些误差以希腊字母德耳塔 δ 表示，如 δL 表示设计长度与加工长度尺寸上的误差。

耗尽型 FET, depletion mode FET——常闭型 FET。

设计手册, design manual——一种资料，包含有根据特定工艺设计集成电路所需要的物理的与电学的信息，也称为工艺手册或设计规则。典型的参数如薄层电阻、电流容限、可靠性信息、晶体管模型信息、版图规则，等等。

电介质, dielectric——两层导体之间的绝缘材料。

介电常数, dielectric constant——与材料存储电荷能力特性有关的参数，空气的介电常数等于 1。

扩散区, diffusion——经过热处理（退火）的含有注入杂质的半导体区域。热处理引起杂质在半导体内各个方向上展开（扩散）。

扩散电容器, diffusion capacitor——下极板用扩散区制造的电容器。耗尽型 FET 就可以是一个典型的大面积的扩散电容器，其上极板是 FET 的栅，介电材料采用极薄的栅氧化层。

数字化, digital——信号被转变为二进制逻辑，一串脉冲。

二极管, diode——P 型材料和 N 型材料形成的结，它限制电流以一个方向流动。二极管被广泛地用于集成电路中器件之间的隔离。

直流电流（DC）, direct current（DC）——仅以一个方向流动的电子流，参见交流电流。

狗骨, dogbone——一个术语，用于描述接触区宽度大于主电阻体的结构，其形状看上去像一个狗骨，对于"高阻值，低精度"电阻是常用结构。

掺杂剂, dopants——用于注入以产生 N 或 P 型区域的材料。

掺杂, doping——将杂质引入半导体的工艺。

双多晶工艺, double poly process——采用多层多晶硅去构造不同类型器件的半导体工艺。一层多晶硅被用于构造 CMOS 晶体管，而另一层多晶硅则可能被特定于电阻元件，两层多晶硅在不同的制造工艺步骤中沉积，每层多晶硅具有自己的掩模。

漏,drain——CMOS 晶体管的一个端子。可以与源极互换,这取决于跨接在晶体管上的外加电压的极性。

有效栅宽,effective Gate width——各并行连接的 CMOS 晶体管的总栅宽。

电荷,electric charge——参见电荷,charge。

电子,electron——原子中的基本粒子,带有负电荷,电子运动形成电流。参见电流。

电子流,electron flow——电子以传统电流方向的反方向流动,它反映了电子的真实流动情况。

静电释放(ESD),electrostatic discharge(ESD)——数千伏高压所形成的电子释放,与在你的身体上积累了大量自由电子时触摸一个导电材料的情况相似,这种静电可毁灭芯片。静电释放又称为 ESD。参见二极管、反向偏置。

电动势(EMF),Electromotive force(EMF)——电势,电压。

发射极,Emitter——双极型晶体管的一个端子。发射区发射电子或空穴并被集电区收集。参见基极、集电极和晶体管。

增强型 FET,enhancement mode FET——常开型 FET。

外延沉积,epitaxial deposition——在一层硅上面生长一层新硅的工艺,这层新硅保持了原有硅的晶格结构。该过程通过混合气体反应实现,是一专门的 CVD 形式。

外延层,epitaxial layer——通过 CVD 技术在一个厚的衬底上生长的薄的半导体材料层,容易控制并保持了原有的晶格结构。

刻蚀,etching——通过化学反应从半导体晶圆上除去材料的工艺。

蒸发,evaporative deposition——一种沉积金属到半导体晶圆上的技术。在很低气压的反应釜内,金属被蒸发,然后冷凝到晶圆表面。

异或(XOR),Exclusive OR(XOR)——除了所有输入都为 1 的情况,其他情况与或(OR)逻辑相同。当所有输入为逻辑 1 或全为逻辑 0 时,输出为逻辑 0,其他状态输出为 1。

非本征半导体,extrinsic semiconductor——掺杂的半导体。

扇出,fan out——单个逻辑门的输出能够驱动的数字逻辑门的数量。

法拉,farad——电容单位。

飞,femto——意指千万亿分之一($\times 10^{-15}$)。

FET——参见场效应晶体管。

场效应,field effect——当存在一个外加电压在材料附近时,材料所发生的一种现象,材料中的电子或者被电压所吸引,或者被电压所排斥,结果是半导体材料发生反型,例如,N 型材料变成了 P 型材料。

场效应晶体管(FET),Field Effect Transistor(FET)——由 N 型或 P 型半导体材料所制造的压控开关,电压控制开关打开或关断半导体中电子流的通路。

激励/检测,force/sense——一种去除非传导测量路径上线电阻所产生的不确定因素的电路方法,例如,用于测量材料方块电阻的 4 探针方法。

正向偏压,forward biased——当一个 PN 结被导通时,我们说它是处于正向偏压,空穴沿着正向穿越结,电子沿着反向穿越结。

4-探针测试,4-point measurement——一种去除非传导测量路径上线电阻所产生的不确定因素的电路方法,例如,用于测量材料方块电阻的激励/检测方法。

频率,frequency——交流电流或电压的完整周期在一秒中出现的次数,标定单位是赫兹(周期数/秒)。

边缘电容,fringing capacitance——在平行板电容器上极板的边(边缘区域)和它的下极板之间所产生的附加电容。

全波整流,full wave rectification——将交变波形的负半波转变为正半波的方法。

保险丝熔断电流,fusing current——在一定时间内熔断材料所需的电流。

砷化镓,gallium arsenide(GaAs)——由砷和镓元素制成的半导体材料,因其高的工作速度而被用于微波电路。

栅,Gate——CMOS 晶体管的一个端子,该端子被用于施加一个外部控制电压,栅上的这个电压产生场效应。

栅区,Gate area——穿越有源扩散区的栅的区域,等于栅的长度乘栅的宽度,器件的栅电容主要由该区域决定。

栅钳位,Gate tie-down——连接衬底和晶体管多晶硅栅的小二极管,用于防止天线效应,该二极管将限制产生的电压大小。也称为 NAC 二极管。

千兆,giga——十亿($\times 10^9$)。

GND——电路中最负的信号名,通常用于模拟电路。

地,ground——电路中的最低电位,地的意思是被连接到大地电位。

谐波,harmonic——一个波形的正弦分量,其频率是波形基频的整数倍。

头区,head——在电阻体区和接触区之间的部分,通常为低阻材料,有时被考虑为接触电阻的一部分。

亨利,Henry——电感单位。当通过电感的电流以每秒 1 安培的速率变化时,产生 1 伏反向电动势所需的电感量为 1 亨利。

高电平(电路的电压状态),high(circuit voltage state)——表示逻辑 1 的电平。

Hitchhiker 规则,Hitchhiker Rule——确定电感中产生的磁场方向的方法。用右手握住导体,大拇指指向电流方向,其余握起的四指指向的是磁力线的方向。该规则又称为右手定则。

空穴,hole——半导体晶格电子结构的空位,可认为是携带了正电荷。

阻抗,impendance——在给定频率下,电容或电感的有效电阻,单位是欧姆。

注入,implantation——将杂质引入半导体晶格的方法,通常采用高能离子轰击硅基晶圆实现。

杂质,impurity——在半导体硅晶格中被注入的原子,它们可以增加或减少材料中的可动自由电子的数量。

电感量,inductance——导体阻碍其中电流变化的能力,单位是亨利。

感应,induction——由磁场所引起的导体中电流变化的过程,该磁场则是由附近另一个导体中电流流动所产生。

电感,inductor——一种元件,其阻抗随着其中流过的交流电流频率增加而增加。

绝缘体,insulator——电导或热导很差的材料。

集成电路,integrated circuit——在一个半导体基片上制作的连接了有源和无源器件的电路。

叉指结构,interdigitated——器件单元交叉布局方法。

本征半导体,intrinsic semiconductor——未掺杂的半导体。

反型区,invert a region——在场效应作用下,N 型半导体转变为 P 型半导体或 P 型半导体转变为 N 型半导体。

倒相器,Inverter——逻辑非门,其输出的二进制状态与输入相反。

I/O——系统的输入和输出。

离子,ion——得到或失去一个或几个电子而发生变化的带电原子。

迭代处理,iterative process——采用不断逼近得到期望解的数学计算方法。

跳线, jumper——1. 两个点电连接器; 2. 用于说明静电释放的套头羊毛衫。

旧料场之战, Junkyard Wars——凯茜·罗杰斯关于在团队竞争中废料利用的革新, 思想源于电影"阿波罗 13 号"中在桌子上扔废料盒的场景, 具有现在需要的创造力。

千, kilo——10^3。

基尔霍夫电流定律, Kirchhoff's Current Law——所有流出节点的电流之和等于流入节点的电流之和。

基尔霍夫电压定律, Kirchhoff's Voltage Law——闭合电路中电压的代数和等于 0, 回路中降低的电压之和等于提高的电压之和。

栓锁, latch-up——当半导体衬底上的寄生晶体管导通时发生的现象, 将引起破坏性的电流流动。

版图设计, layout——产生制造层两维表示的过程, 该版图被用于 IC 芯片的制造。

亮场, light field——用于光刻的大部分透光的掩模, 仅有少量的铬层图形。

逻辑函数, logic function——二进制输入信号和电路输出之间的关系表达式, 包括与、或、非、与非、或非和异或等。

逻辑 1, logic one——逻辑门的输入或输出, 通常采用电路中的高电压表示。

逻辑 0, logic zero——逻辑门的输入或输出, 通常采用电路中的低电压表示。

低(电路电压状态), low(circuit voltage state)——表示逻辑 0 状态的电平。

磁场, magnetic field——环绕通有电流的材料的一种真实有趣的现象, 磁场能够对其周围的一些材料产生影响, 它可以使铁粉排列成精巧的图形。

掩模, mask——包含有被刻蚀过的铬图形的非常平的石英玻璃平板。

掩模图形, masking——半导体晶圆上所选择的覆盖层区域, 其他区域则被曝光以便进行扩散、刻蚀或金属布线。

微, micro——10^{-6}。

微米, micron——直线测量的米制单位, 等于 1×10^{-6} 米, 即 1 米的百万分之一。

毫, milli——10^{-3}。

模型,models——电路元件行为的数学表示,真实地反映器件的物理意义以及电特性和物理特性。建立一个基本器件的模型可能要花数月的时间。

万用表,multimeter——用于测量电压、电流和电阻的手持式设备。

互感,mutual inductance——由于电感彼此靠得很近而形成的额外的感应。

N 型,N Type——掺入了比硅原子含有额外电子的杂质的半导体材料。N 表示负性的,意指掺杂材料的电荷类型。

N 阱,N well——用于制作 PMOS 晶体管的深的 N 型扩散区。

N 阱接触,N well contacts——在 N 阱中用于形成欧姆接触的 N+掺杂区,通常接电路中最正的电位以防止栓锁效应。

NAC 二极管,Net area check,diode——连接衬底和晶体管多晶硅栅的小二极管,用于防止天线效应,该二极管将限制产生的电压大小。也称为栅钳位二极管。

与非,NAND——与逻辑函数的非量。

纳,nano——10^{-9}。

负电荷,negative charge——多余的电子。

负性抗蚀剂,negative resist——曝光区域被保留下来的抗蚀剂。被曝光的区域保持了牢度并且不会被显影剂去除,这样,未曝光的区域在显影剂中被正常溶解。参见光刻、光致抗蚀剂、正性抗蚀剂。

网络,network——电路的另一说法。

节点,node——两个或更多电路元件的连接点。

或非(NOR),NOR——或逻辑函数的非量。

常开,normally Off——用于描述晶体管在未加偏置的条件下不导通的术语,也称为增强型晶体管。

常闭 normally On——用于描述晶体管在未加偏置的条件下导通的术语,也称为耗尽型晶体管。

关(开关状态),off(switch state)——不能传导电流的晶体管状态。

欧姆,Ohms——电阻 R 的测量单位,其符号为 Ω。

欧姆定律,Ohm's Law——电压、电流和电阻之间的关系。流过电阻的电流直接与其上的外加电压成正比,与电阻的阻值成反比,$V=IR$。

每方欧姆,ohms-per-square——一个正方形材料的电阻值。相同工艺、相同材料的所有正方形具有相同的阻值。

开(开关状态),on(switch state)——晶体管能够传导电流的状态。

或,OR——任何一个输入为逻辑 1 都能使输出为逻辑 1 的逻辑函数，如果没有一个输入为逻辑 1,则函数的输出为逻辑 0。

P 型,P Type——掺入了比硅原子含有的电子少的杂质的半导体材料。P 表示正性的,意指掺杂材料的电荷类型。

P 阱,P well——用于制作 NMOS 晶体管的深的 P 型扩散区。

并联,parallel——一种电路形式,电流从一个公共输入节点流入后,沿着两个或多个路径到达一个公共出口流出。

寄生元件,parasitic element——不期望的电容、电阻或电感,但这些寄生元件又是导电材料和器件所固有的。

无源元件,passive device——集成电路中的一些元件,这些元件的电特性不受外界的影响而改变。典型元件如电阻、电容和电感。

PECVD——等离子体增强化学气相沉积的英文缩写。

光刻,photolithography——按字面意思是指用光印刷。实际上是采用透过掩模板曝光将图形转移到半导体晶圆表面的工艺。参见掩模、掩模图形、光致抗蚀剂。

光致抗蚀剂,photoresist——一种旋涂在半导体晶圆表面形成一均匀薄膜的光敏液体,该薄层对后续工艺步骤进行了保护。

皮,pico——10^{-12}。

夹断,pinched off——CMOS 晶体管的状态,夹断时场效应将导通状态反转到足以阻止电子流动的状态。

平坦化,planarization——一种使不平整表面变平的技术,例如,采用刻蚀、研磨或抛光。平坦化使后续工艺步骤更精确。

等离子体,plasma——高能离子化气体,是除了固、液、气态之外的物质第四态。

等离子体增强化学气相沉积(PECVD),Plasma Enhanced Chemical Vapor Deposition(PECVD)——与 CVD 非常类似,但采用等离子体替代高温启动化学反应。

含有多个晶体的硅(poly),poly-crystalline silicon(poly)——与硅单晶不同,它是由许多随机排列的小单晶构成,而硅单晶是一个非常大的晶体。

多晶硅,polysilicon——同 poly。

正电荷,positive charge——指缺乏电子。

正性抗蚀剂,positive resist——光照发生反应的抗蚀剂。曝光区域抗蚀剂能够被显影液所溶解并被去除。参见负性抗蚀剂、光刻、光致抗蚀剂。

电势，potential——电荷做功的能力。

电势差，potential difference——电动势，电压，两个电势之间的差。

势垒，potential barrier——N 型和 P 型半导体材料连接在一起时形成的区域，该区域形成一个抑制电子流动的屏障。参见二极管。

电源线，power rail——用于提供电压和电流到电路区的粗金属线。

工艺手册，process manual——一种资料，包含有根据特定工艺设计集成电路所需要的物理的与电学的信息，也称为设计手册或设计规则。典型的参数如薄层电阻、电流容限、可靠性信息、晶体管模型信息、版图规则，等等。

传输延迟时间，propogation time——信号通过自由空间、传输线、放大器或逻辑门从一个点到达另一个点所需的时间。

私有权，proprietary——不能告诉你。

发布合同，publishing contract——总而言之，让人混淆的一堆纸。

Q 值，Q——电感品质的度量。数值越大，越接近理想电感。

rat's nest——在 CAD 软件中进行各种电路块间互连的图形处理技术。每个电路块从一个连接点到电路中其他连接点画直线，直接画，仿佛兴手涂鸦。电路越复杂，连线难度越大。

RC 时间常数，RC time constant——描述在确定电压下通过给定电阻对电容充电快慢的数值。定义为 T＝RC，即电阻值与电容值的乘积。

反应离子刻蚀（RIE），reactive ion etching（RIE）——一种刻蚀技术。利用与材料发生化学反应的等离子体进行刻蚀。

真实地产，real estate——芯片面积。

整流器，rectifier——将交变波形转变为单一正向波的器件。

可靠性，reliability——集成电路预期寿命的表示。

抗蚀剂，resist——同光致抗蚀剂。

电阻（阻值），resistance（value）——材料阻止电流流动能力的度量，单位是欧姆。1 欧姆定义为：在 1 伏电压的作用下产生 1 安培电流的电阻值。

电阻率，resistivity——在一定体积的导电材料中电阻的大小。

电阻器，resistor——通过提供电阻控制电路中电流的器件。

反偏，reverse biased——PN 结在这样的外加电压极性下没有电流流动情况的描述。

反向击穿电压，reverse breakdown voltage——反偏 PN 结开始产生电

流的电压。

RF 扼流圈,RF choke——用于描述电感的术语,该电感的作用是阻止射频信号进入不希望其进入的电路范围。

RIE——反应离子刻蚀的英文缩写。

右手定则,Right Hand Rule——确定电感中产生的磁场方向的方法。用右手握住导体,大拇指指向电流方向,其余握起的四指指向的是磁力线的方向。该规则又称为 Hitchhiker 规则。

设计规则,rulebook——一种资料,包含有根据特定工艺设计集成电路所需要的物理的与电学的信息,也称为工艺手册或设计手册。典型的参数如薄层电阻、电流容限、可靠性信息、晶体管模型信息、版图规则,等等。

饱和度,saturation——量的水平,达到该水平后,一个量的增加不再改变第二个量。

饱和电流,saturation current——随着跨接在器件上的电压增加,流过该器件的电流增加,当电流不再随着外加电压增加而进一步增加时,我们说器件进入饱和,此时的电流为饱和电流。它通常与双极晶体管和 CMOS 晶体管相关联。

原理图,schematic——含有用于表示电路中电气元件的符号及其连接关系的图。它是模拟和版图设计的依据,原理图还被用作文件存档。

电子海洋,sea of electrons——用于描述在导体或半导体中导带电子丰度的术语。

籽晶,seed crystal——在拉晶炉中拉制晶体的起始晶体,它的晶向决定了生产出的硅棒的晶向。

自对准栅,self-aligned Gate——描述 CMOS 晶体管的栅与源漏区对准技术的术语。晶体管的栅条担当了源漏离子注入工艺的掩模,后续的退火推动注入区向栅条下扩散,减小了晶体管栅长,实现高速器件。

半导体,semiconductor——价带与导带电子能级差非常小的单晶材料。电子很容易被激发进入导带,掺杂使半导体更具有导电性并更可控。

串联,series——仅包含唯一电流通路的电路。

折弯型电阻,serpentine resistor——以蛇行路径形式布图的电阻,使长的电阻具有更紧凑的版图。

薄层电阻率,sheet resistivity——一定厚度导体在给定表面积下的电阻值。也称为薄层 ρ。

薄层 ρ, sheet rho——同薄层电阻率。

电子能级, shells——对于绕原子核运动电子分立能级的描述。

短接(路), short(circuit)——不希望的低阻通路。

模拟器, simulator——预测电路在建立后所具有功能的计算机软件，它节省了时间并且降低了芯片测试成本。模拟器需要电路模型、原理图、电路设计规范以及工作参数等作为支持。

正弦波, sinusoidal waveform——具有正弦波形的信号电压。

源, source——CMOS 晶体管的一个端子，一般认为可以与漏互换，这取决于跨接在晶体管上的外加电压极性。

源漏共用, source-drain sharing——用于减小芯片版图面积的技术。当共同工作的 CMOS 晶体管具有同样电路连接端子时可采用该技术。

specs——电路设计规范的缩写。

SPICE——集成电路设计的模拟程序，电路模拟程序。SPICE 的第一个版本由加州大学伯克利分校于 20 世纪 70 年代开发。一个非常流行的计算机辅助分析软件。

螺旋电感, spiral inductor——绕制成正方形螺旋形式的电感，可以减小芯片面积。

扩展, spreading——当接触区远小于导电通路宽度时所出现的问题现象。当电子离开接触区后，它们向着整个导体的宽度方向扩展，这导致电阻长度度量模糊。

杂散信号, spurious signal——不希望的变化信号或可疑的信号源。

溅射台, sputterer——利用高能等离子体轰击金属实现金属沉积的机械装置，被轰击的金属则沉积到作为靶的半导体晶圆上。

叠层电容, stacked capacitor——两个或更多的电容竖直的彼此叠放，通常情况下，采用该技术可以在较小的面积上获得较大的电容量。金属电容器常采用这种方法制作。参见叉指结构。

叠层电感, stacked inductor——两个或更多的电感竖直的彼此叠放。

静电(电学), static(electricity)——在非导电材料上积累静电荷，可以通过去电器将其去除。

棒状图, stick diagram——CMOS 器件及其连接关系的非常简单的表示。是介于原理图与最终版图之间的中间草图，一旦棒状图被完成，它就提供了器件布局与连接关系。

随机的, stochastic——依靠实验和误差或概率求解；与规则系统相反。

衬底,substrate——原始硅片的底层材料,在其上制造晶体管或集成电路。

衬底接触,substrate contacts——连接到 P 型硅衬底的 P+区,用于连接衬底到电路中最低电位以确保器件工作和防止栓锁。

衬底材料,substrate material——与衬底同,通常为 P−。

衬底连接,substrate ties——同衬底接触。

超人,superhero——穿着蓝色衣服、红色帽子并且胸前有一大大的 S 的人。

电源,supply——在电路中的最高电压。

时间常数,time constant——描述在确定电压下通过给定电阻对电容充电快慢的数值。定义为 T=RC,参见 RC 时间常数。

晶体管,transistor——采用半导体材料制造的固态开关。单词 transistor(晶体管)取自于 *TRANSfer* 和 *resISTOR*。一种具有三个电极的半导体有源器件。

传输线,transmission line——被表征为寄生电容、电感和电阻的导线,用作从一端传输信号到另一端的通道。

盆区(tub),tub——同 N 阱。

地道,underpass——在不能采用金属连线处采用的多晶硅连线。

价带,valence band——能带图上电子不具备足够能量导电的区域。价带中的电子紧密排列。

变容二极管,varactor diode——具有高度可变结电容的二极管,电容大小取决于加在其上的电压。对掺杂具有特殊的选择以增强变容特性。

VCC——电路中最正的电压信号名,通常用于模拟电路。

VDD——电路中最正的电压信号名,通常用于数字电路。

垂直型器件,vertical device——利用扩散层彼此叠放构造的半导体器件。

垂直工艺 vertical processing——用于制造垂直型器件的工艺。垂直型器件工艺技术使双极型器件具有更高的精度。

通孔,via——绝缘介质层上连接集成电路不同金属层的孔。

电压,voltage——两点电荷之间的电势差。

伏特,Volt——电压的度量单位,用符号 V 表示。1 伏电压被定义为:引起一个 1 欧姆电阻中流过 1 安培电流的电势差。

VSS——电路中最负的电压信号名,通常用于数字电路。

晶圆,wafer——从单晶硅棒上切下的薄的半导体衬底材料圆片,有点像餐盘。

阱二极管,well diode——在 N 阱与 P 型衬底间形成的一个 PN 结,可用于 ESD 保护。

阱接触,well contact——用于连接 N 阱到电路中最正电压的 N＋连接,其目的是确保器件工作和防止栓锁。

阱连接,well ties——参见阱接触。

X 射线光刻,x-ray lithography——利用 X 射线代替可见光实现图形转移。X 射线的波长较短,因此可以用于更细线条的处理。

Y 镱,Yterbium——一种化学元素,用 y 表示。

zymurgy——很好的结束单词。瞧。

作者简介

Christopher Saint 曾任 IBM West Coast Physical Design Group 的经理,他曾经担任过 Commquest GSM、AMPS 和 CDMA 芯片组的版图设计首席工程师,曾在 Analog Devices,LSI Logic 以及 GEC/Plessey 半导体版图设计公司任职多年。

Judy Saint 是专业作家和插图画家,具有多年成功的教学经历,在本书的内容组织与结构安排方面,她给予了很好的指导,使得本书更容易阅读与理解。